なるほど微分方程式

村上 雅人 著

なるほど微分方程式

海鳴社

はじめに

　自分の生活と数学は無関係と考えているひとが多い。実際に、普段の生活の中で、数学、特に、高等数学を直接使う場面に遭遇することはめったにない。しかし、知らず知らずのうちに、数学の恩恵にあずかっているのも事実である。電車がスムーズに動くのも、時計が正確に時を刻むのも、コンピュータやテレビが誤作動なく動くのも、その根底には数学がある。

　この数学の中で、最も重要な分野が**微分** (differentiation) と**積分** (integration) といわれている。これらは、対で重要であるので、ひとまとめにして、**微積分** (calculus) と呼ばれることもある。それでは、なぜ微積分が重要なのであろうか。実は、微積分はなんらかの現象を数学的に解析するときの基本であり、物理、化学、電気工学、情報工学、経済学など数多くの学問分野の基礎をなすからである。

　それでは、微分と積分とはいったいどのような手法であろうか。簡単にいえば、微分は部分に相当し、積分は全体に相当する。あるいは、微分は微小部分の変化の度合をみるものであり、積分は、その変化を統合した結果をみるものである。

　例えば、ある現象を解析したいとしよう。その現象が時間的にどのように変化するかを、すべて観測できれば問題ないが、それには時間がかかりすぎたり、大変な労力を要する場合が多い。あるいは実質的に全体を観測することが不可能なことも多い。そこで、ある時間だけ、その変化を観測し、その様子を探る。そして、その変化に何らかの規則性があれば、それをヒントに全体像を把握する。これが微積分の手法である。フランスの数学者ラプラスは「微積分を使えば、すべての現象を解析することができる」と豪語している。実際に、それだけ有効な数学手法である。

　微分方程式 (differential equation) は、微分を利用して、ある現象の時間的

あるいは空間的変化を表現したものである。そして、この微分方程式を積分の知識を利用して解けば、その現象の全体像をつかむことができる。
　例えば、時速 3km/h という一定の速度で歩くひとの、位置(x)と時間(t)の関係は

$$\frac{dx}{dt} = 3$$

という式で表すことができるが、これも立派な微分方程式である。これを解法するには、積分を利用する。まず

$$dx = 3dt$$

のように移項して、両辺を積分すると

$$\int dx = 3\int dt$$

より

$$x = 3t + C \quad (C: 定数)$$

という関係がえられる。ここで、時間 $t = 0$ のときに、この人がスタート地点 $x = 0$ に居たとすれば

$$x = 3t$$

という式がえられる。これが全体像を与える。なぜなら、この式をもとに、この人が任意の時間にどこにいるかということを計算できるからである。これが微積分の効用である。
　しかし、実際の現象はそれほど簡単ではない。いまの場合でも、人は同じ速度で歩きつづけることはない。やがて、疲れてしまって、歩く速度は低下していく。つまり、時間とともに速度は低下するはずである。これを考慮すると

はじめに

$$\frac{dx}{dt} = 3 - kt$$

のように、時間とともに速度が減るという項 $-kt$ を付け加えなければならない。さらに、時間の 2 乗に比例してエネルギーが消耗するという場合には、さらに項が増えて

$$\frac{dx}{dt} = 3 - kt - mt^2$$

のような微分方程式となる。このように、実際の現象に近づけようとすると、微分方程式はどんどん複雑になっていく。そして、ラプラスには申し訳ないが、その結果、解法できない微分方程式ができてしまう場合もある。むしろ、一般的には、解法できるものよりも、解法できない微分方程式の方が圧倒的に多いのである。もちろん、上記の微分方程式は簡単に解法可能であるが、つぎの微分方程式は、解析的に解くことができない。

$$\frac{d^2x}{dt^2} + (x^2 + t)\frac{dx}{dt} + t^3 = 0$$

一見したところ簡単そうであるが、どんなに工夫を凝らしても、この方程式を解くことはできない。この例のように、多くの微分方程式は解けないのである。それならば、そんな学問は学習する意味がないではないかといわれるかもしれないが、決してそうではない。

まず、幸いなことに、われわれが理工系の学問や経済などの実学で使う微分方程式には解法可能なものが多い。例えば、電気回路の設計は微分方程式を利用して行われている。ヒューレットとパッカードがガレージでつくった音声発信機は、微分方程式に基づいたものである。

もちろん、数学は何かに応用するためだけにあるものではない。実際には役に立たない微分方程式に関しても、純粋数学的に検討が進められ、その結果、数学の問題として確立されたものもある。微分方程式の教科書の導入部で、演習問題として課される方程式のほとんどは実用的価値がない

ものである。しかし、微分方程式の解法を学ぶという観点からは有用となる。

さらに、純粋に数学的意味しかないと思われているものでも、後々、実学で役に立つようになることは、数学の世界ではよくあることである。最初に虚数が登場したときには、誰も何かの役に立つとは思わなかった。しかし、それが古典物理を根底からゆるがす量子力学の建設に大きな貢献をはたすことになる。

いずれにしても、微分方程式は、数学を何かに応用する際の基本となっているものであり、その解法を学ぶことは重要かつ有用である。微分方程式の解法については数多くの技法が蓄積されており、そのために混乱を招くこともあるが、じっくり腰を据えて取り組めば、必ず修得することができる。

本書は「なるほど数学シリーズ」の「式の導出や展開を省略しない」という趣旨にそって微分方程式の解法をまとめたものであり、高校生でも理解できるように工夫している。

最後に、本書をまとめるにあたり、芝浦工業大学の小林忍さんには、演習問題の確認や、文章の校正で大変お世話になった。ここに謝意を表する。

2005 年　4 月　著者

もくじ

はじめに・・・・・・・・・・・・・・・・・・・5

第1章　微分方程式事始・・・・・・・・・・・・・・・13
   1.1.　微分方程式　*14*
   1.2.　ウェーバーの法則　*15*
   1.3.　放射性崩壊　*16*
   1.4.　ニュートンの冷却の法則 (Newton's law of cooling)　*19*
   1.5.　化学反応の式　*20*
   1.6.　微分方程式の名称　*22*
   1.7.　微分方程式と解　*25*
   1.8.　微分方程式の分類　*27*

第2章　1階1次微分方程式・・・・・・・・・・・・・・*30*
   2.1.　1階1次微分方程式　*30*
   2.2.　変数分離形　*31*
   2.3.　同次形　*35*
   2.4.　1階線形微分方程式　*41*
      2.4.1.　1階同次線形微分方程式　*42*
      2.4.2.　1階非同次線形微分方程式──定数変化法による解法　*44*
      2.4.3.　1階非同次線形微分方程式──積分因子による解法　*52*
   2.5.　ベルヌーイの微分方程式　*55*
   2.6.　リカッチの微分方程式　*59*

第3章　完全微分方程式・・・・・・・・・・・・・・・*64*
   3.1.　関数の全微分　*64*
   3.2.　完全微分方程式　*67*

3.3. 完全微分方程式の判定　*71*
3.4. 完全微分方程式の解法　*75*
3.5. 積分因子　*83*

第4章　1階高次微分方程式・・・・・・・・・・・・・・・・・*97*
4.1. 因数分解による解法　*97*
4.2. 従属変数について解ける場合　*102*
4.3. 独立変数について解ける場合　*106*
4.4. クレローの微分方程式　*112*
4.5. ラグランジェの微分方程式　*114*

第5章　2階線形微分方程式・・・・・・・・・・・・・・・・・*122*
5.1. 線形微分方程式　*123*
5.2. 同次線形微分方程式　*124*
  5.2.1. 定係数の2階同次線形微分方程式　*125*
  5.2.2. 特性方程式の解が虚数の場合　*128*
  5.2.3. 特性方程式が重解を持つ場合　*133*
5.3. 非同次方程式　*136*
  5.3.1. 定数変化法　*137*
  5.3.2. 未定係数法　*144*

第6章　解法可能な高階微分方程式・・・・・・・・・・・*157*
6.1. 高階導関数が従属関数のみの関数　*157*
6.2. 階数が異なる導関数の組み合わせ　*159*
6.3. yの項を含まない高階微分方程式　*161*
6.4. 独立変数を含まない高階微分方程式　*165*
6.5. 指数関数を利用する方法　*170*
6.6. 完全微分方程式　*177*
6.7. オイラーの微分方程式　*185*

第7章　線形微分方程式と線形空間・・・・・・・・・・・*188*
7.1. n階線形微分方程式　*188*

7.2. 同次線形微分方程式の解 *189*

7.3. 解の線形空間 *196*

7.4. 非同次線型微分方程式 *203*

第8章 級数展開法 ・・・・・・・・・・・・・・・・・・・*207*

8.1. 級数展開による微分方程式の解法 *208*

8.2. テーラー級数を利用した解法 *213*

8.3. フロベニウスの方法 *218*

8.4. 解の存在 *230*

第9章 演算子法 ・・・・・・・・・・・・・・・・・・・・*233*

9.1. 演算子 *234*

9.2. 微分と演算子 *237*

9.3. 微分方程式への応用 *239*

9.3.1. 非同次項が $\exp(kx)$ の場合 *240*

9.3.2. 逆演算子の計算方法 *247*

9.3.3. 非同次項が x の多項式の場合 *256*

9.3.4. 非同次項が $\exp(kx)f(x)$ の場合 *262*

第10章 連立微分方程式・・・・・・・・・・・・・・・・*268*

10.1. 線形代数の手法を利用した解法 *271*

10.1.1. 同次方程式 *271*

10.1.2. 非同次方程式 *281*

10.2. 微分演算子を利用して解法する方法 *292*

第11章 理工系への応用・・・・・・・・・・・・・・・・*297*

11.1. 物体の振動 *297*

11.1.1. まさつのある振動 *299*

11.1.2. 強制振動の方程式 *303*

11.2. 電気回路の微分方程式 *307*

11.2.1. 直列回路 *309*

11.2.2. 電圧が変動する場合　*311*

　11.3. 級数解法の物理への応用　*316*

　11.4. ベッセル微分方程式　*316*

　　11.4.1. ゼロ次のベッセル関数　*317*

　　11.4.2. $m \neq 0$ のベッセル微分方程式の解　*319*

　　11.4.3. 一般のベッセル関数　*321*

　11.5. ルジャンドル微分方程式　*325*

　　11.5.1. ルジャンドル方程式の解　*326*

　　11.5.2. ルジャンドル多項式　*327*

補遺1　ガウスの積分公式　・・・・・・・・・・・・・・・・*331*

　索引・・・・・・・・・・・・・・・・・・・・・・・・・*333*

第1章　微分方程式事始

　理工系学問や経済学などにおいて、なんらかの現象を解析する第一歩は、いかに対象とする現象の**数学的モデル** (mathematical model) を構築するかにある。多くの現象は、**微分方程式** (differential equation) のかたちで数式化される。その結果がどうなるかは、この微分方程式を解かなければわからないが、残念ながら、**普通の微分方程式はうまく解けない場合が多い**。事実、未解決の微分方程式に多くの数学者が挑戦しており、その解法結果が数学の遺産として蓄積されている。現代の先端科学のほとんどは、その恩恵にあずかっているのである。

　しかし、難しいからといって、微分方程式の解法はすべて他人まかせというわけにはいかない。そのような分業は、往々にして視野を狭くする。このため、「微分方程式論」と呼ばれる、いろいろな種類の微分方程式を解法するテクニックを学ぶ講義が理工系の課程では課されることになる。もちろん経済への数学応用が進むにしたがって、経済学においても微分方程式は重要となっている。

　ところで、「微分方程式」というとかたいイメージを与えるが、方程式の中になんらかのかたちで**微分係数** (derivative) が入っていれば、そう呼ばれる。であるから

$$\frac{dy}{dx} = 0$$

も立派な微分方程式であるし

$$(3x^8 + 4x^6 + 2x + 3)\frac{d^4y}{dx^4} + \tan x \left(\frac{d^2y}{dx^2}\right)^4 + e^{2x+3}\frac{dy}{dx} + x^3y + xy^5 = \sin x$$

という複雑なものも微分方程式の仲間である。

　微分係数さえ含まれていればいいのであるから、微分方程式の種類は無尽蔵ということになる。そして、原理的には、いくらでも複雑な微分方程式をつくることができる。

　微分方程式の講義では、過去に登場したありとあらゆる微分方程式の解法のテクニックを羅列的に習得する。いろいろな種類の微分方程式の解法が多くの先輩によってえられているということは、それを利用する側から見れば、その数が多いほど便利ということになる。しかし、講義を学ぶ方から見れば、それだけ習得しなくてはならない範囲が増えて、はなはだ迷惑ということになる。この章では、微分方程式がどのようなものであるか、その一端を紹介した後で、本書を学習する上での基礎となる専門用語の整理を行う。

1.1. 微分方程式

　「微積分」の解析手法は、ある現象がどのように変化するかをまず調べることからはじめる。これを数式モデル、つまり、微分方程式で表現し、そのうえで積分を利用して現象の全体像をえるというものである。

　つまり、ある現象ごとに、それがどのような構成要素で成り立っているかをまず分析（あるいは観察）し、その中に何らかの規則性を見出す。もし、なんらかの系統性が見つかれば、それに対応した方程式を考える。これが微分方程式である。そして、微分方程式を満足する関数を見つける（この操作を「微分方程式を解く」と呼んでいる）ことによって、この関数が示している現象を理解することにある。そして、その関数を利用して、未来を予測したり、過去を振り返ることもできる。あるいは、その関数を利用することで、実験ではなかなかデータを取得することのできない領域についても考察を加えることができる。

　それでは、この手法がどのようなものかを具体例で見てみよう。

第 1 章 微分方程式事始

1.2. ウェーバーの法則

人間の感覚や知覚は、刺激の**絶対量** (absolute value) に比例するのではなく、対象の大きさに対してどれくらいの割合にあるか、つまり**相対的な値** (relative value) に比例することが経験的に知られている。例えば、10 円の買い物をして 1 円安くしてくれたら、得をした気分になるが、10000 円の買い物をして、1 円安くしてくれても、得をした気分にはならない。やはり 100 円ぐらいは安くしてほしい。

これを数式でモデル化すると、感覚の増加量を ds とし、刺激の量とその増加量をそれぞれ W、dW とすると

$$ds = k\frac{dW}{W}$$

という微分方程式で表されることになる。ここで、k は比例定数である。これは**ウェーバーの法則** (Weber's law) として知られている。この法則は、重量や音量など多くの感覚にあてはまる。

この微分方程式を解くには、単に両辺を積分すれば良い。すると

$$\int ds = k\int \frac{dW}{W}$$

を計算して

$$s = k\ln|W| + C$$

という関係がえられる。ここでは W は常に正であるから絶対値記号ははずしてよい。

ただし、このままでは、任意定数の C が入っているので、絶対的な量は求まらない。そこで、知覚できる最低の刺激の量、つまり限界値を W_0 とする。すると、ここが $s = 0$ の限界であるから

$$s = k\ln|W_0| + C = 0 \quad \text{より} \quad C = -k\ln|W_0|$$

と定数項が求められ、結局

$$s = k\ln|W| + C = k\ln|W| - k\ln|W_0| = k\ln\left|\frac{W}{W_0}\right|$$

という方程式が、人間の感覚と物理的刺激量の関係を表す式となる。つまり、対数関数になっており、図1-1に示したグラフをみれば明らかなように、刺激の量が多い領域では、刺激を少々増やしても、それを感知できないことがわかる。

このように、微分方程式から出発して全体を支配する数式モデルを導いたのち、その式が現象をうまく表現しているかどうかを検証する作業を通常は行う。それに合格して、はじめて数学的モデルが正しかったことが証明される。

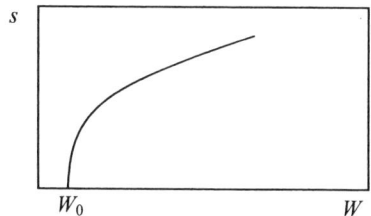

図1-1 人間の感覚 (s) と刺激量 (W) の関係。

そして、いったん数学的モデルが正しいことがわかれば、実測によってデータをえることが難しい領域についても、どのような現象が起こるかを予測できることになる。これが数学的モデルの有利な点である。

1.3. 放射性崩壊

放射性元素 (radioactive elements) の**崩壊速度** (decay rate) は、その量 (N) に比例することが知られている。ここで、崩壊速度は、元素の量が単位時間に減る量であるので、時間を t とすると $-dN/dt$ で与えられるから、比

第1章 微分方程式事始

例定数を k とすると

$$-\frac{dN}{dt} = kN$$

となる。これが放射性元素の崩壊現象を表現する微分方程式である。それでは、この解法はどうすればよいであろうか。ここで、N と dt を移項すると

$$\frac{dN}{N} = -kdt$$

と与えられる。この書き換えは、左辺は N だけの変数の微分方程式、右辺は t だけの微分方程式になっており、**変数分離** (separation of variables) と呼ばれ、次章で紹介するように、微分方程式の解法においては、重要かつオーソドックスな手法となっている。

いったん、微分方程式が、このような変数分離形になると解法は簡単で、両辺をそれぞれの関数に関して積分すればよい。すると

$$\int \frac{dN}{N} = -k \int dt$$

より

$$\ln|N| = -kt + C \quad (C:\text{任意定数})$$

となって、解がえられる。ただし、N は放射性元素の数で常に正であるから、絶対値記号はとることができる。

さらに、指数関数を使うと

$$N = e^{-kt+C} = \exp(-kt + C)$$

あるいは

$$N = \exp C \exp(-kt) = A \exp(-kt)$$

と変形できる。

ここで、時間 $t = 0$ における濃度、つまり初期濃度を N_0 とすると

$$N_0 = A \exp 0 = A$$

となるから、放射性元素の崩壊を示す式は

$$N = N_0 \exp(-kt)$$

となる。ここで、この変化を図示すれば、図 1-2 のように与えられる。

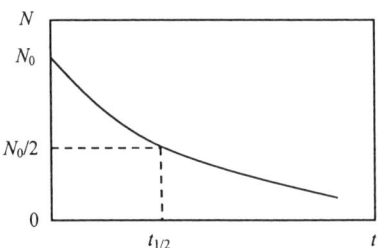

図 1-2　放射性元素の崩壊の時間依存性。

放射性元素では、よく**半減期** (a half-life period) という用語が登場する。これは、元素が最初の量の半分に減る時間であり、放射性元素が、どれくらいの速さで崩壊するかのめやすを与える指標となっている。半減期 ($t_{1/2}$) は

$$N = \frac{N_0}{2} = N_0 \exp(-kt_{1/2})$$

を解いて

$$t_{1/2} = \frac{\ln|2|}{k}$$

と計算できる。つまり、反応の比例係数の逆数に比例することがわかる。

これは、よく考えれば当たり前で、反応速度が速い程、半減期は短くなるからである。別な視点でみれば、えられた数学的モデルが正しいことの傍証となっている。実際にも、このグラフを利用して、放射性元素がどの程度時間が経過すれば人体にとって安全なレベルまで低下するかが評価されている。

1.4.　ニュートンの冷却の法則 (Newton's law of cooling)

暖めたものを空気中に置いておくと、温度(T)はどんどん下がっていく。この速度は、外部との温度差に比例することが知られている。よって、外部の温度を T_e とおくと、微分方程式は

$$-\frac{dT}{dt} = k(T - T_e)$$

で与えられる。

ここで、k は比例定数である。変数分離して積分を行うと

$$\frac{dT}{T - T_e} = -kdt$$

$$\int \frac{dT}{T - T_e} = -kt + C$$

よって

$$\ln|T - T_e| = -kt + C$$
$$T - T_e = \exp(-kt + C)$$

物体の初期温度を T_0 とすれば、$t = 0$ で $T = T_0$ であるから

$$T_0 - T_e = \exp C$$

よって

$$T = (T_0 - T_e)\exp(-kt) + T_e$$

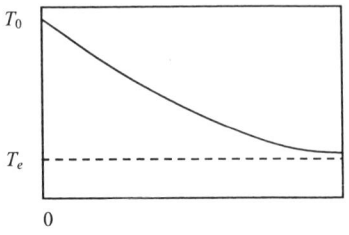

図 1-3　物体の温度が時間と共に冷える過程を示す曲線。

となり、図 1-3 に示すように時間経過とともに、しだいに T_e に近づいていくことがわかる。

1.5. 化学反応の式

いま物質 A と物質 B が反応して化合物 AB ができる化学反応について考えてみる。

$$A + B \to AB$$

このとき、反応前の A と B の濃度をそれぞれ a, b とし、反応生成物 AB の濃度を x と置くと、反応の速度は

$$\frac{dx}{dt} = k(a-x)(b-x)$$

で与えられる。ここで、k は比例定数で反応速度係数と呼ばれる。これを解法するために、まず変数分離を行って

$$\frac{dx}{(a-x)(b-x)} = kdt$$

と変形する。左辺は

$$\frac{1}{(a-x)(b-x)} = \frac{1}{(x-a)(a-b)} - \frac{1}{(x-b)(a-b)}$$

と変形できるので

$$\int \frac{dx}{(a-x)(b-x)} = \frac{1}{(a-b)}\ln|x-a| - \frac{1}{(a-b)}\ln|x-b| = \frac{1}{(a-b)}\ln\left|\frac{x-a}{x-b}\right|$$

と積分することができる。
　よって

$$\frac{1}{a-b}\ln\left|\frac{x-a}{x-b}\right| = kt + C \qquad (C: 定数)$$

これを変形すると

$$\ln\left|\frac{x-a}{x-b}\right| = (a-b)kt + C(a-b) = (a-b)kt + C$$

ここで、反応生成物の濃度 x は常に a, b よりも小さいから、絶対値記号の中は正となり

$$\frac{x-a}{x-b} = \pm \exp C \exp\{(a-b)kt\} = A\exp\{(a-b)kt\}$$

となる。
　つぎに $t=0$ で $x=0$ という初期条件から

$$\frac{0-a}{0-b} = A\exp 0 = A$$

となり、定数 A は

$$A = \frac{a}{b}$$

21

で与えられる。この値を上式に代入すると

$$\frac{x-a}{x-b} = \frac{a}{b}\exp\{(a-b)kt\}$$

$$x - a = \frac{a}{b}\exp\{(a-b)kt\}(x-b)$$

これを x について解くと、ちょっと煩雑になるが

$$x\left\{1 - \frac{a}{b}\exp(a-b)kt\right\} = a\{1 - \exp(a-b)kt\}$$

$$x = \frac{1 - \exp(a-b)kt}{\frac{1}{a} - \frac{1}{b}\exp(a-b)kt}$$

となる。ここで、仮に $a < b$ とすると $t \to \infty$ で exp の項はすべてゼロに近づいていくので

$$x \to \frac{1 - 0}{\frac{1}{a} - 0} = \frac{1}{1/a} = a$$

となって、濃度の低い方の反応物と同じ濃度に近づいていくことがわかる。

　以上のように、微分方程式を解法する場合には、微積分の基礎で習得した手法を駆使する必要がある。

1.6. 微分方程式の名称

　冒頭でも紹介したように、ある方程式に微分係数がひとつでも入っていれば、その方程式を微分方程式と呼ぶので、その種類や数は膨大なものになる。そこで、微分方程式をある規則に従って分類した方が、後々便利になる。そこで、この節ではその分類方法について紹介する。

第1章　微分方程式事始

まず**階**というのは英語では"order"のことで、導関数の**階数**である。つまり

$$\frac{dy}{dx} \text{ を 1 階の導関数 (first order derivative)}$$

と呼ぶ。ただし慣例で、1 次導関数と呼ぶこともある。微分方程式の呼称では、「次」は**次数** (degree)の方で使うので、混乱を避けるために、本書では"order"には「階」を対応させることにする。よって

$$\frac{d^2 y}{dx^2} \text{ は 2 階導関数 (second order derivative)}$$

$$\frac{d^3 y}{dx^3} \text{ は 3 階導関数 (third order derivative)}$$

$$\cdots\cdots$$

$$\frac{d^n y}{dx^n} \text{ は } n \text{ 階導関数 (}n\text{th order derivative)}$$

と分類される。微分方程式では、含まれる導関数の階数が最も大きいものを以て命名する。例えば

$$\frac{d^3 y}{dx^3} + \left(\frac{d^2 y}{dx^2}\right)^2 + \left(\frac{dy}{dx}\right)^3 + x = 0$$

という微分方程式を考えてみよう。この項の中で、最も階数の高いのは $d^3 y / dx^3$ の 3 階導関数である。よって、この方程式は 3 階微分方程式と分類されることになる。

次に「次数」は英語では"degree"で、導関数のべき数のことである。
つまり

$$\frac{dy}{dx} \text{ は 1 次導関数 (first degree derivative)}$$

となる。同様にして

$$\left(\frac{dy}{dx}\right)^2 \text{ は 2 次導関数 (second degree derivative)}$$

$$\left(\frac{dy}{dx}\right)^3 \text{ は 3 次導関数 (third degree derivative)}$$

$$\cdots\cdots\cdots\cdots\cdots\cdots\cdots$$

$$\left(\frac{dy}{dx}\right)^n \text{ は } n \text{ 次の導関数 (}n\text{th degree derivative)}$$

となる。
　実際の導関数では、この階数と次数を両方示す必要がある。例えば

$$\frac{dy}{dx} \text{ は 1 階 1 次の導関数}$$

$$\left(\frac{d^2 y}{dx^2}\right)^3 \text{ は 2 階 3 次の導関数}$$

$$\cdots\cdots\cdots\cdots\cdots\cdots$$

$$\left(\frac{d^n y}{dx^n}\right)^m \text{ は } n \text{ 階 } m \text{ 次の導関数}$$

と呼ばれる。
　次に微分方程式の呼称については、方程式に含まれる導関数で最も階数が高いものの次数を使う。例えば

$$\frac{d^3 y}{dx^3} + \frac{dy}{dx} + x + y = 0$$

では、最も階数の高いのは 3 であり、次数は 1 であるので **3 階 1 次の微分方程式** (differential equation of the third order and the first degree) と呼ぶ。また

$$\left(\frac{d^3y}{dx^3}\right)^2 + \left(\frac{dy}{dx}\right)^3 + xy = 0$$

では、階数のもっとも高いのは 3 階であり、次数は 2 であるので **3 階 2 次の微分方程式** (differential equation of the third order and the second degree) と呼ばれる。

1.7. 微分方程式と解

ここで実際に微分方程式の解法について説明する前に、専門用語の説明を行っておこう。

まず 1 個の**独立変数** (independent variable)：x と 1 個の**従属変数** (dependent variable)：y の間の関係を取り扱い、方程式の中に x, y および y の導関数を含む場合を**常微分方程式** (ordinary differential equation) と呼んでいる。本書で取り扱うのは常微分方程式である。

これに対し、独立変数が複数ある場合には、**偏微分** (partial derivative) という考えが必要になる。例えば、z が x と y という 2 個の独立変数の関数の場合

$$z = f(x, y)$$

となるが、一度に x と y の両方の変数の微分をとることはできない。そこで、x に関する微分をとる場合には、y を一定にしておいて、その上で x 方向の微分係数を求めるという手法を使う。これを偏微分と呼び

$$\frac{\partial z}{\partial x} = \frac{\partial f(x, y)}{\partial x}$$

と表記する。

あるいは y が一定であることを明確にして

$$\frac{\partial z}{\partial x} = \left(\frac{\partial f(x, y)}{\partial x}\right)_y$$

のように表記する場合もある。このように、従属変数が多くの独立変数の関数である場合は、方程式の中に偏微分係数が含まれることになり、このような方程式を**偏微分方程式** (partial differential equation) と呼んでいる。

　よって、微分方程式という総称には、常微分方程式と偏微分方程式の2種類が含まれることになるが、本書では常微分方程式のみを扱っているので、あえて常という字は削除している。あらかじめご了承願いたい。

　微分方程式を満足する関数のことを**解** (solution) と呼んでいる。また、解を求めることを「微分方程式を解く」あるいは「微分方程式を解法する」と呼んでおり、英語では"solve a differential equation"と表現する。

　特に限定条件を与えなければ、n階の微分方程式の解である関数にはn個の**任意定数** (arbitrary constant) が含まれる。このような解を**一般解** (general solution) と呼んでいる。そして、一般解の任意定数に適当な数値を代入すると、ある特定の解がえられるが、このような解を**特殊解** (particular solution)と呼んでいる。例えば

$$\frac{d^2 y}{dx^2} = 3$$

という2階1次の微分方程式が与えられたとしよう。この微分方程式を解くために積分を行ってみよう。すると、まず

$$\frac{dy}{dx} = 3x + C_1 \qquad (C_1: 任意定数)$$

であり、さらに、もう1回積分を行うと

$$y = \frac{3}{2}x^2 + C_1 x + C_2 \qquad (C_2: 任意定数)$$

という関数がえられる。この関数のことを解と呼ぶが、この場合、2個の任意定数を含んでいるので、この解は表記の2階1次微分方程式の一般解と

いうことになる。

ここで、$C_1 = 1, C_2 = 2$ という値を代入すると

$$y = \frac{3}{2}x^2 + x + 2$$

という2次関数がえられる。これが特殊解である。

ただし、やみくもに任意の数値を入れるのではなく、実際の問題解法にあたっては、ある限定された条件を満足する解を見つける。

例えば、この問題において $x = 0$ のときに、$y = 3, dy/dx = 2$ という条件を満足する解を求めたいとき $C_1 = 2, C_2 = 3$ と値が決まる。いまの場合は**初期値** (initial value) が指定されているので、**初期値問題** (initial value problem) と呼んでいる。また、与えられた条件を**初期条件** (initial conditions) と呼ぶ。

この他、独立変数の動ける範囲が限られている場合などは、その境界での値が指定されることもある。これを**境界値** (boundary value) と呼び、このような条件下で特殊解を求めることを**境界値問題** (boundary value problem) と呼んでいる。また、与えられた条件を**境界条件** (boundary conditions) と呼ぶ。

この他にも、微分方程式を解いていると、任意定数を含まない解がえられることがある。もし、この解が一般解の任意定数に適当な数値を入れてえられるならば、その解は特殊解であるが、そうでない場合には**特異解** (singular solution) と呼ばれる。

1.8. 微分方程式の分類

微分方程式の全体像を簡単にまとめることはそれほど容易ではないが、参考までに、本書で取り扱う方程式群を分類すると図1-4に示すようになる。

まず、微分方程式は階数と次数によって分類できるが、ここでは、階数も次数も任意としよう。すると、微分方程式は**線形** (linear) と**非線形** (non-linear) に分類できる。線形というのは、**従属変数** (dependent variable) の導関数およびそれ自身が1次（あるいは線形）の微分方程式である。微

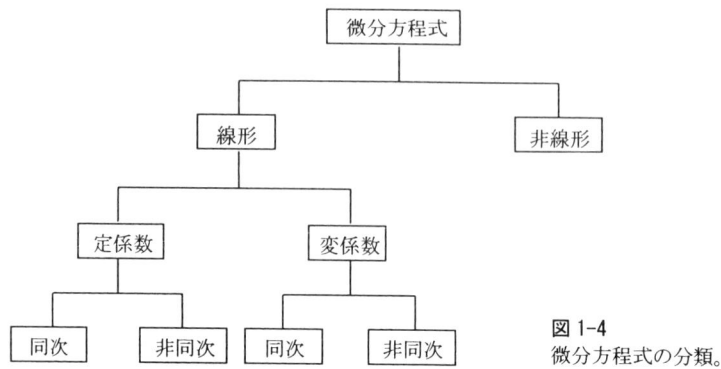

図 1-4
微分方程式の分類。

分方程式の応用という観点からは、線形微分方程式が主流となる。2 階の場合を例にとると

$$\frac{d^2y}{dx^2} + A(x)\frac{dy}{dx} + B(x)y = Q(x)$$

は線形微分方程式であるが

$$\frac{d^2y}{dx^2} + A(x)\left(\frac{dy}{dx}\right)^3 + B(x)y = Q(x) \qquad \text{や} \qquad \frac{d^2y}{dx^2} + A(x)\frac{dy}{dx} + B(x)y^2 = Q(x)$$

は、それぞれ dy/dx の項が 3 次、y の項が 2 次であるので、線形方程式ではない。

つぎに、線形微分方程式において、**係数** (coefficient) がすべて**定数** (constant) のものを**定係数の微分方程式** (differential equation with constant coefficients) と呼んでいる。例えば

$$\frac{d^2y}{dx^2} + 6\frac{dy}{dx} + 9y = Q(x)$$

は定係数の線形微分方程式であるが、

$$\frac{d^2y}{dx^2} + (x+3)\frac{dy}{dx} + xy = Q(x)$$

は、係数が**変数** (variable) となっているので、**変係数の微分方程式** (differential equation with variable coefficients) と呼んでいる。

また、これら方程式において、右辺の $Q(x) = 0$ の場合を**同次方程式** (homogeneous equation) と呼ぶ。つまり

$$\frac{d^2y}{dx^2} + 6\frac{dy}{dx} + 9y = 0$$

は2階1次の定係数同次線形微分方程式となる。一方、$Q(x) \neq 0$ の場合を**非同次方程式** (inhomogeneous equation) と呼ぶ。

以上の分類は、実際に微分方程式の解法を進めていく過程で、その都度再確認できるので、ここでは、「このような分類がある」という程度に理解しておけば十分である。より具体的な説明については、その一般的な解法とともに、本書の中で順次紹介していく予定である。

第2章　1階1次微分方程式

前章で、実際の自然現象に対応した微分方程式のつくり方とその解法を簡単に紹介した。しかし、紹介した例は、微分方程式としては非常に基本的なものであり、積分の知識があれば簡単に解くことができるものであった。

残念ながら、実際の物理現象を微分方程式を使って表現しようとすると、かなり複雑になるうえ、そのような微分方程式を解析的に解くことは難しい場合が多い。

本章では、微分方程式解法への第一歩として、もっとも基本的な **1階1次の微分方程式** (differential equation of the first order and the first degree) の解法を紹介する。

2.1.　1階1次微分方程式

1階1次微分方程式の一般式は

$$\frac{dy}{dx} = M(x, y)$$

と書くことができる。M は x と y を変数とする任意の関数である。あるいは、一般式として

$$A(x, y)dx + B(x, y)dy = 0$$

と書くこともできる。

これを変形すると

$$B(x,y)dy = -A(x,y)dx \qquad \frac{dy}{dx} = -\frac{A(x,y)}{B(x,y)}$$

となり

$$M(x,y) = -\frac{A(x,y)}{B(x,y)}$$

と置けば最初のかたちになる。

1階1次の微分方程式にもいろいろな種類があり、簡単に解けるものもあれば、かなり工夫をしないと解けないものもある。もちろん、解法できないものもある。最も簡単なものは

$$\frac{dy}{dx} = f(x)$$

の場合で

$$y = \int f(x)dx = F(x) + C$$

と解がえられる。これを**直接積分形** (directly integrable) と呼んでおり、微分方程式の基本である。

2.2. 変数分離形

1階1次の微分方程式の一般式

$$A(x,y)dx + B(x,y)dy = 0$$

において $A(x,y)$ が x だけの関数で、$B(x,y)$ が y だけの関数の場合

$$A(x)dx + B(y)dy = 0$$

と書けるが、この微分方程式を**変数分離形** (variables separable) と呼んでいる。この解法は簡単で、それぞれの項を直接積分すればよい。つまり

$$\int A(x)dx + \int B(y)dy = C$$

を計算することで解がえられる。

演習 2-1　つぎの微分方程式の解を求めよ。

$$(x^2 + x + 1)dx + \cos y \, dy = 0$$

解)　各項を直接積分すると

$$\int (x^2 + x + 1)dx + \int \cos y \, dy = C \qquad (C: 定数)$$

よって

$$\frac{x^3}{3} + \frac{x^2}{2} + x + \sin y = C$$

となり

$$y = \sin^{-1}\left\{-\left(\frac{x^3}{3} + \frac{x^2}{2} + x - C\right)\right\}$$

が一般解となる。

第2章　1階1次微分方程式

変数分離形の微分方程式は

$$\frac{dy}{dx} = f(x) \cdot g(y)$$

のようなかたちになっている場合も多い。これは、1階1次の微分方程式の一般式

$$\frac{dy}{dx} = M(x, y)$$

において、$M(x,y)$ が x だけの関数 $f(x)$ と y だけの関数 $g(y)$ の積で与えられている場合に相当する。この式を変形すると

$$\frac{dy}{g(y)} = f(x)dx$$

のように、右辺は x だけ、左辺は y だけの関数にすることができる。この操作を**変数分離** (separation of variables) と呼んでいる。

この場合は両辺を積分して

$$\int \frac{dy}{g(y)} = \int f(x)dx + C \qquad (C: 定数)$$

とすることで解がえられる。

演習 2-2　つぎの微分方程式を解け。

$$\frac{dy}{dx} = xy^2$$

解） この式を変形すると

$$\frac{dy}{y^2} = xdx$$

となる。

両辺を積分すると

$$\int \frac{dy}{y^2} = \int xdx \quad \text{より} \quad -\frac{1}{y} = \frac{x^2}{2} + C \quad (C: \text{定数})$$

となる。

演習 2-3 つぎの微分方程式を解け。

$$dx - ydy = x^2 ydy$$

解） この式を変形すると

$$dx = ydy + x^2 ydy \qquad\qquad dx = y(1+x^2)dy$$

となる。よって

$$\frac{dx}{1+x^2} = ydy$$

両辺の積分を計算すると

$$\tan^{-1} x = \frac{y^2}{2} + C$$

整理すると

$$y^2 = 2\tan^{-1} x - C \qquad (C: \text{定数})$$

が一般解となる。

2.3. 同次形

1階1次の微分方程式の一般式

$$\frac{dy}{dx} = M(x, y)$$

において、$M(x, y)$を適当に変換した結果

$$\frac{dy}{dx} = f\left(\frac{y}{x}\right)$$

のかたちに変形できる微分方程式を**同次形** (homogeneous type) と呼んでいる。同次と呼ばれる理由は、$M(x,y)$が y/x の関数になるためには、x と y の次数が常に同じとなるからである。

例えば

$$(y^2 + xy)dx - x^2 dy = 0$$

という微分方程式を考えてみよう。この場合 x^2, xy, y^2 がすべて2次であり、x と y に関しても次数が一致している。この微分方程式を変形してみよう。すると

$$(y^2 + xy)dx = x^2 dy$$
$$\frac{dy}{dx} = \frac{y^2 + xy}{x^2} = \left(\frac{y}{x}\right)^2 + \frac{y}{x}$$

となって、確かに $M(x,y)$ を y/x の関数のかたちに変形することができる。同次形の微分方程式[1]を解法するには、$y/x = t$（あるいは $y = tx$）と置く。

---

[1] 1階微分方程式の同次形は、x と y の次数が同じという意味である。後ほど紹介する同次線形微分方程式の場合の同次は、すべての項が、y および y の導関数に関して同じ1次となっているという意味である。同じ「同次」という用語でも、それぞれ意味が異なることに注意を要する。

この変換により微分方程式は、変数分離形になる。今の式で $y/x = t$ とおけば、まず左辺の dy/dx は

$$\frac{dy}{dx} = t + x\frac{dt}{dx}$$

と変形できる。右辺は

$$\left(\frac{y}{x}\right)^2 + \frac{y}{x} = t^2 + t$$

であるから

$$t + x\frac{dt}{dx} = t^2 + t$$

これを変形して

$$\frac{dt}{t^2} = \frac{dx}{x}$$

となって、変数分離形となる。

両辺を積分すると

$$\int \frac{dt}{t^2} = \int \frac{dx}{x} + C \qquad (C: 定数)$$

よって

$$\ln|x| = -\frac{1}{t} + C = -\frac{x}{y} + C$$

あるいは

$$x = \pm\exp\left(-\frac{x}{y} + C\right) = A\exp\left(-\frac{x}{y}\right) \qquad (A: 定数)$$

と解がえられる。

第2章　1階1次微分方程式

> **演習 2-4**　つぎの微分方程式を解け
> $$ydy = (2y - x)dx$$

解)　変形すると
$$\frac{dy}{dx} = 2 - \frac{x}{y}$$

ここで $y/x = t$ と置くと

$$\frac{dy}{dx} = t + x\frac{dt}{dx} \qquad 2 - \frac{x}{y} = 2 - \frac{1}{t}$$

と変形できるので

$$t + x\frac{dt}{dx} = 2 - \frac{1}{t} \qquad x\frac{dt}{dx} = 2 - \frac{1}{t} - t = \frac{2t - 1 - t^2}{t} = -\frac{(t-1)^2}{t}$$

さらに変形すると

$$-\frac{t}{(t-1)^2}dt = \frac{dx}{x}$$

となって変数分離形となる。

$$-\int \frac{t}{(t-1)^2}dt = \int \frac{dx}{x}$$

後は、両辺を積分すればよい。
　ところで

$$\frac{t}{(t-1)^2} = \frac{1}{t-1} + \frac{1}{(t-1)^2}$$

37

と変形できるので

$$\int \frac{t}{(t-1)^2}dt = \int \frac{dt}{t-1} + \int \frac{dt}{(t-1)^2} = \ln|t-1| - \frac{1}{t-1}$$

と積分できる。よって

$$-\ln|t-1| + \frac{1}{t-1} = \ln|x| + C \qquad (C: 定数)$$

移項して

$$\ln|t-1| - \frac{1}{t-1} + \ln|x| + C = 0$$

$t = y/x$ であるから

$$\ln\left|\frac{y}{x} - 1\right| - \frac{1}{\frac{y}{x}-1} + \ln|x| + C = 0 \qquad \ln\left|\frac{y-x}{x}\right| - \frac{x}{y-x} + \ln|x| + C = 0$$

ここで

$$\ln\left|\frac{y-x}{x}\right| + \ln|x| = \ln|y-x| - \ln|x| + \ln|x| = \ln|y-x|$$

したがって

$$\ln|y-x| - \frac{x}{y-x} + C = 0 \qquad \ln|y-x| = \frac{x}{y-x} - C$$

さらに変形すると

$$y - x = \pm\exp\left(\frac{x}{y-x} - C\right) = \mp\exp C \exp\left(\frac{x}{y-x}\right) = A\exp\left(\frac{x}{y-x}\right)$$

結局

第 2 章　1 階 1 次微分方程式

$$y = x + A\exp\left(\frac{x}{y-x}\right) \qquad (A: 定数)$$

が解となる。

演習 2-5　つぎの微分方程式を解け

$$2xy + (y^2 - 3x^2)y' = 0$$

解)　$y' = dy/dx$ であるから

$$2xy + (y^2 - 3x^2)\frac{dy}{dx} = 0 \qquad 2xy\,dx + (y^2 - 3x^2)dy = 0$$

となって同次微分方程式であることがわかる。

ここで $y = tx$ と置くと $dy = x\,dt + t\,dx$ となるので

$$2x^2 t\,dx + (t^2 x^2 - 3x^2)(x\,dt + t\,dx) = 0$$

整理すると

$$x^2(t^3 - t)dx + (t^2 - 3)x^3 dt = 0$$
$$(t^3 - t)dx + x(t^2 - 3)dt = 0$$

したがって

$$\frac{t^2 - 3}{t^3 - t}dt = -\frac{dx}{x} \qquad \int \frac{t^2 - 3}{t^3 - t}dt = -\int \frac{dx}{x} + C$$

となる。

ここで左辺を積分するために、少し工夫をする。

$$\frac{t^2-3}{t^3-t} = \frac{t^2-3}{t(t+1)(t-1)} = \frac{a}{t} + \frac{b}{t+1} + \frac{c}{t-1}$$

のように変形すると

$$a(t+1)(t-1) + bt(t-1) + ct(t+1) = (a+b+c)t^2 - (b-c)t - a$$

よって

$$a+b+c=1 \qquad b-c=0 \qquad a=3$$

より

$$b=-1 \qquad c=-1$$

と与えられ

$$\frac{t^2-3}{t^3-t} = \frac{3}{t} - \frac{1}{t+1} - \frac{1}{t-1}$$

と変形できるから

$$\int \frac{t^2-3}{t^3-t}dt = \int \frac{3dt}{t} - \int \frac{dt}{t+1} - \int \frac{dt}{t-1} = 3\ln|t| - \ln|t+1| - \ln|t-1|$$
$$= \ln\left|\frac{t^3}{(t+1)(t-1)}\right| = \ln\left|\frac{t^3}{t^2-1}\right|$$

この結果を

$$\int \frac{t^2-3}{t^3-t}dt = -\int \frac{dx}{x} + C$$

に代入すると

$$\ln\left|\frac{t^3}{t^2-1}\right| = -\ln|x| + C \qquad (C: 定数)$$

よって

$$\ln\left|\frac{t^3}{t^2-1}\right| + \ln|x| = C \qquad\qquad \ln\left|x\left(\frac{t^3}{t^2-1}\right)\right| = C$$

したがって

$$x\left(\frac{t^3}{t^2-1}\right) = \pm\exp C = A \quad (A: 定数)$$

$$xt^3 = A(t^2 - 1)$$

$t = \dfrac{y}{x}$ を代入すると

$$x\left(\frac{y}{x}\right)^3 = A\left\{\left(\frac{y}{x}\right)^2 - 1\right\}$$

整理して

$$y^3 = A(y^2 - x^2)$$

が解となる。

いまの解法では、$y/x = t$ を代入するかわりに $y = tx$ を代入したが、結果は同じものとなる。このように単純な微分方程式でも、解法するには、工夫を要するうえ、結構計算過程が長くなってしまう。しかし、基本形となっていれば、必ず、この方法で解けるので、途中であきらめずに最後まで根気よく取り組む姿勢が大切である。

2.4. 1階線形微分方程式

1階1次の微分方程式の一般式

$$\frac{dy}{dx} = M(x, y)$$

が

$$\frac{dy}{dx} + f(x)y = g(x)$$

のかたちに変形できる微分方程式を **1 階線形微分方程式** (linear differential equation of the first order) と呼んでいる。これは、一般式の関数 $M(x, y)$ が y に関して 1 次の場合に相当する。

　線形と呼ばれる理由は、従属変数 (y) およびその導関数 (dy/dx) がともに 1 次（つまり線形）であるからである。この微分方程式の一般解は、$g(x) = 0$ かどうかによって場合分けして考える。

2.4.1. 1階同次線形微分方程式

1 階線形微分方程式において $g(x) = 0$ のかたちをした方程式

$$\frac{dy}{dx} + f(x)y = 0$$

を**同次線型微分方程式** (homogenous linear differential equation) と呼んでいる。同次と呼ばれる理由は、$g(x) = 0$ のとき、すべての項が y および y の導関数に関して同じ次数になるからである。$g(x) \neq 0$ のときは、この項が y に関して 0 次の項となるので、すべての項が同次とはならない。このとき、**非同次線形微分方程式** (inhomogeneous linear differential equation) と呼び、$g(x)$ の項を**非同次項** (inhomogeneous term) と呼ぶ。

　1 階同次線形微分方程式は、変数分離形となるので簡単に解法できる。つまり

$$\frac{dy}{dx} = -f(x)y \qquad \frac{dy}{y} = -f(x)dx \qquad \int \frac{dy}{y} = -\int f(x)dx$$

より

$$\ln|y| = -\int f(x)dx + C \quad (C: 定数)$$

となり

$$y = A\exp\left\{-\int f(x)dx\right\} \quad (A: 定数)$$

が解としてえられる。

演習 2-6 つぎの微分方程式を解法せよ。

$$\frac{dy}{dx} - (x^2 + 2x + 3)y = 0$$

解） この方程式は第 2 項を移項すると、変数分離形にすることができる。このとき

$$\frac{dy}{dx} = (x^2 + 2x + 3)y \qquad \frac{dy}{y} = (x^2 + 2x + 3)dx$$

となる。

よって

$$\int \frac{dy}{y} = \int (x^2 + 2x + 3)dx$$

積分すると

$$\ln|y| = \frac{x^3}{3} + x^2 + 3x + C \quad (C: 定数)$$

となり、結局

$$y = A\exp\left(\frac{x^3}{3} + x^2 + 3x\right) \quad (A: 定数)$$

が一般解となる。

2.4.2. 1階非同次線形微分方程式――定数変化法による解法
1階線形微分方程式

$$\frac{dy}{dx} + f(x)y = g(x)$$

において、$g(x) \neq 0$ のとき、簡単に微分方程式を解くことができず、工夫が必要となる。

　非同次方程式の一般解は、同次方程式の一般解を利用して導出することが可能である。いま

$$y = u(x)$$

が同次方程式の一般解としよう。すると

$$\frac{du(x)}{dx} + f(x)u(x) = 0$$

という関係にある。つぎに

$$y = v(x)$$

が非同次方程式の特殊解としよう。すると、この関数は

$$\frac{dv(x)}{dx} + f(x)v(x) = g(x)$$

を満足するので、容易に

$$\frac{d(u(x)+v(x))}{dx} + f(x)(u(x)+v(x)) = g(x)$$

となって
$$y = u(x) + v(x)$$

が非同次方程式の一般解となることがわかる。つまり、非同次方程式の一般解は、同次方程式の一般解に、非同次方程式の特殊解を加えたもの

非同次方程式の一般解＝同次方程式の一般解＋非同次方程式の特殊解

となる。

よって、何らかの方法で、非同次方程式の特殊解が 1 個でもわかれば、非同次方程式の一般解がえられることになる。

ここで 1 階線形微分方程式

$$\frac{dy}{dx} + f(x)y = g(x)$$

に対応した同次方程式

$$\frac{dy}{dx} + f(x)y = 0$$

の解 y は

$$\ln|y| = -\int f(x)dx + C$$

というかたちをしていた。そこで、定数のかわりに $v(x)$ という新たな関数を加え

$$\ln|y| = -\int f(x)dx + v(x)$$

とする。これが非同次方程式の一般解のかたちとなる。これを変形すると

$$y = \exp\left\{-\int f(x)dx + v(x)\right\} = \exp(v(x))\exp\left\{-\int f(x)dx\right\}$$

となる。
　ここで $\exp(v(x)) = q(x)$ と置き換えて

$$y = q(x)\exp\left\{-\int f(x)dx\right\}$$

というかたちの解を仮定し、非同次方程式に代入して未知関数 $q(x)$ を求める。すると、dy/dx は

$$\frac{dy}{dx} = \frac{dq(x)}{dx}\exp\left\{-\int f(x)dx\right\} + q(x)\exp\left\{-\int f(x)dx\right\}\left\{-\frac{d}{dx}\int f(x)dx\right\}$$

$$= \frac{dq(x)}{dx}\exp\left\{-\int f(x)dx\right\} - f(x)q(x)\exp\left\{-\int f(x)dx\right\}$$

となる。これを非同次方程式に代入すると

$$\frac{dq(x)}{dx}\exp\left\{-\int f(x)dx\right\} - f(x)q(x)\exp\left\{-\int f(x)dx\right\}$$
$$+ f(x)q(x)\exp\left\{-\int f(x)dx\right\} = g(x)$$

整理すると

$$\frac{dq(x)}{dx}\exp\left\{-\int f(x)dx\right\} = g(x)$$

のかたちの微分方程式になる。
　よって

$$\frac{dq(x)}{dx} = g(x)\exp\left\{\int f(x)dx\right\}$$

第2章 1階1次微分方程式

となるので、未知関数 $q(x)$ は

$$q(x) = \int g(x) \exp\left\{\int f(x)dx\right\}dx + C$$

と与えられることになる。これが非同次方程式の特殊解となる。
　よって一般解は

$$y = q(x)\exp\left\{-\int f(x)dx\right\}$$

より

$$y = \exp\left\{-\int f(x)dx\right\}\left(\int g(x)\exp\left\{\int f(x)dx\right\}dx + C\right)$$

となる。これが非同次1階線形微分方程式の一般解である。
　このように、非同次の線形微分方程式の解法では、同次方程式の一般解に未知関数を加え、それを非同次方程式に代入して、方程式を満足するように関数を求めることで、一般解がえられる。
　この手法では、同次方程式の一般解の定数の部分を新たな関数とみなして微分方程式を解くことになるので、この解法を**定数変化法** (method of variation of constant) と呼んでいる。

演習 2-7　つぎの微分方程式の解を求めよ。

$$\frac{dy}{dx} + y = x$$

解)　1階線形微分方程式であるので、まず同次方程式

$$\frac{dy}{dx} + y = 0$$

の解を求める。すると

$$\frac{dy}{dx} = -y \qquad \frac{dy}{y} = -dx$$

であるから

$$\int \frac{dy}{y} = -\int dx \quad \text{より} \qquad \ln|y| = -x + C$$

となる。あるいは指数関数を使うと

$$y = C_1 e^{-x} \quad (C_1 は定数)$$

となる。ここで定数 C_1 が x の関数とすると

$$\frac{dy}{dx} = \frac{dC_1(x)}{dx} e^{-x} - C_1(x) e^{-x}$$

となる。

これを最初の方程式に代入すると

$$\frac{dy}{dx} + y = \frac{dC_1(x)}{dx} e^{-x} - C_1(x) e^{-x} + C_1(x) e^{-x} = x$$

まとめると

$$\frac{dC_1(x)}{dx} e^{-x} = x \qquad \frac{dC_1(x)}{dx} = x e^{x}$$

となる。よって

$$C_1(x) = \int e^x x \, dx + C_2 \quad (C_2 は定数)$$

この積分は $(e^x)' = e^x$ であることに注意して**部分積分** (integration by parts) の公式

$$\int \frac{df(x)}{dx} g(x) dx = f(x)g(x) - \int f(x) \frac{dg(x)}{dx} dx$$

を適用すれば

$$C_1(x) = \int e^x x dx + C_2 = \int \frac{d(e^x)}{dx} x dx + C_2 = e^x x - \int e^x \frac{dx}{dx} dx = e^x x - e^x + C_3$$

となる。

ただし、C_3 は任意の定数である。したがって最初の微分方程式の解は

$$y = C_1(x)e^{-x} = (e^x x - e^x + C_3)e^{-x} = C_3 e^{-x} + x - 1$$

となる。

この演習で、紹介した方法が解法の一般的な方法であるが、実は、この微分方程式の解法には、簡単な方法がある。非同次方程式の解は

非同次方程式の一般解＝同次方程式の一般解＋非同次方程式の特殊解

と与えられる。よって、何らかの方法で、非同次方程式を満足する解が1個でも見つかれば、一般解が簡単にえられる。ここで

$$\frac{dy}{dx} + y = x$$

という微分方程式を見ると、$y = x - 1$ が解であることはすぐにわかる。よっ

て同次方程式の一般解に、これを加えた

$$y = C_1 e^{-x} + x - 1$$

が一般解となる。このように、特殊解が自明の場合には、比較的簡単に解がえられる。

演習 2-8 つぎの微分方程式の解を求めよ。

$$\frac{dy}{dx} - \frac{y}{x} = x$$

解） 1階線形微分方程式であるので、まず同次方程式

$$\frac{dy}{dx} - \frac{y}{x} = 0$$

の解を求める。すると

$$\frac{dy}{dx} = \frac{y}{x} \qquad \frac{dy}{y} = \frac{dx}{x}$$

であるから

$$\int \frac{dy}{y} = \int \frac{dx}{x} \qquad \ln|y| = \ln|x| + C$$

$$\ln|y| - \ln|x| = C \qquad \ln\left|\frac{y}{x}\right| = C$$

となる。ただし C は任意の定数である。

あるいは指数関数を使うと

$$y = e^C x = C_1 x$$

となる。ここで定数 C_1 が x の関数とすると

$$\frac{dy}{dx} = \frac{dC_1(x)}{dx}x + C_1(x)$$

となる。

これを最初の方程式に代入すると

$$\frac{dy}{dx} - \frac{y}{x} = \frac{dC_1(x)}{dx}x + C_1(x) - \frac{C_1(x)x}{x} = \frac{dC_1(x)}{dx}x = x$$

まとめると

$$\frac{dC_1(x)}{dx}x = x \qquad \frac{dC_1(x)}{dx} = 1$$

となる。よって

$$C_1(x) = x + C_2$$

となる。

したがって最初の微分方程式の解は

$$y = C_1(x)x = (x + C_2)x$$

となる。ただし、C_2 は任意の定数である。

この場合も、特殊解が見つけられないかどうか考えてみよう。

$$\frac{dy}{dx} - \frac{y}{x} = x$$

すると

$$y = x^2$$

が方程式を満足することがわかる。よって、この方程式の一般解は、同次方程式の一般解に、この解を加えて

$$y = C_1 x + x^2$$

とただちにえられる。

ただし、この方法は特殊解が目視で求められる場合に有効な方法である。ひとによっては、方程式を見ただけで解が浮かばないひとも居るであろう。よって、遠回りでも、本節で紹介した一般的な解法を採用することが堅実な方法である。

2.4.3. 1階非同次線形微分方程式——積分因子による解法

非同次方程式を解法する手法としては、定数変化法の他に**積分因子** (integrating factor) を利用する方法も良く知られている。1階非同次線形微分方程式

$$\frac{dy}{dx} + f(x)y = g(x)$$

の両辺に、ある関数 $M(x)$ をかけてみよう。すると

$$M(x)\frac{dy}{dx} + M(x)f(x)y = M(x)g(x)$$

となる。

このままではどうしようもないが、もし左辺が

$$\frac{d(M(x)y)}{dx}$$

のかたちに変形できるとすると、微分方程式は

第 2 章　1 階 1 次微分方程式

$$\frac{d(M(x)y)}{dx} = M(x)g(x)$$

となり、右辺は x だけの関数となるから、積分すれば

$$M(x)y = \int M(x)g(x)dx$$

となって、ただちに解法することができる。
　つまり、このように変形できるような $M(x)$ を探せばよいことになる。それでは、どのようにすればよいか。

$$\frac{d(M(x)y)}{dx} = M(x)\frac{dy}{dx} + y\frac{dM(x)}{dx}$$

であるので

$$\frac{dM(x)}{dx} = M(x)f(x)$$

の関係を満足する関数 $M(x)$ が目指す関数ということになる。よって

$$\frac{dM(x)}{M(x)} = f(x)dx \qquad \ln|M(x)| = \int f(x)dx$$

より

$$M(x) = \pm \exp\left\{\int f(x)dx\right\}$$

が目指す関数となる。この関数のことを**積分因子** (integrating factor) と呼んでいる。

演習 2-9　つぎの微分方程式の解を積分因子を利用して求めよ。

$$\frac{dy}{dx} - \frac{y}{x} = x$$

解）　1 階線形微分方程式の一般式を

$$\frac{dy}{dx} + f(x)y = g(x)$$

とすると

$$f(x) = -\frac{1}{x} \qquad g(x) = x$$

に相当する。

　よって積分因子は

$$M(x) = \exp\left\{\int f(x)dx\right\} = \exp\left\{-\int \frac{dx}{x}\right\} = \exp(-\ln x) = \frac{1}{\exp(\ln x)} = \frac{1}{x}$$

となる。

　ここで、与式の両辺に $1/x$ をかけると

$$\frac{1}{x}\frac{dy}{dx} - \frac{y}{x^2} = 1$$

これは

$$\frac{d}{dx}\left(\frac{y}{x}\right) = 1$$

と変形できるので、結局

$$\frac{y}{x} = x + C \qquad y = x(x+C) \qquad (C: 定数)$$

が一般解としてえられる。

これは、**演習 2-8** とまったく同じ問題であるが、このように積分因子を利用して解法することも可能である。当然のことながら、解は同じものがえられる。

2.5. ベルヌーイの微分方程式

n が 1 以外の任意の定数であるとき

$$\frac{dy}{dx} + f(x)y = g(x)y^n$$

を**ベルヌーイの微分方程式** (Bernoulli differential equation) と呼ぶ。これは、線形微分方程式の右辺に y^n を乗じたかたちになっている。この解法は簡単で

$$\frac{1}{y^{n-1}} = z$$

と置くと、線形微分方程式に変換することができる。そのうえで、前項の方法で微分方程式を解法すればよい。

それでは、実際にベルヌーイの微分方程式を変形してみよう。まず

$$\frac{dy}{dx} + f(x)y = g(x)y^n$$

の両辺を y^n で割ると

$$\frac{1}{y^n}\frac{dy}{dx} + f(x)\frac{1}{y^{n-1}} = g(x)$$

となる。ここで

$$\frac{1}{y^{n-1}} = y^{-(n-1)} = z$$

と置き、両辺を x で微分すると

$$-(n-1)y^{-n}\frac{dy}{dx} = \frac{dz}{dx} \qquad \frac{1}{y^n}\frac{dy}{dx} = -\frac{1}{n-1}\frac{dz}{dx}$$

となる。これを最初の式に代入すると

$$-\frac{1}{n-1}\frac{dz}{dx} + f(x)z = g(x)$$

となり、両辺に $1-n$ をかければ

$$\frac{dz}{dx} + (1-n)f(x)z = (1-n)g(x)$$

となって、確かに線形微分方程式に変形できることがわかる。

演習 2-10 次の微分方程式を解法せよ。

$$\frac{dy}{dx} + xy = x^2 y^3$$

第 2 章　1 階 1 次微分方程式

解）　両辺を y^3 で割ると

$$\frac{1}{y^3}\frac{dy}{dx}+\frac{x}{y^2}=x^2$$

となる。ここで

$$z=\frac{1}{y^2}=y^{-2}$$

と置き、x で微分すると

$$\frac{dz}{dx}=-2y^{-3}\frac{dy}{dx} \qquad \frac{1}{y^3}\frac{dy}{dx}=-\frac{1}{2}\frac{dz}{dx}$$

となる。よって最初の方程式は

$$-\frac{1}{2}\frac{dz}{dx}+xz=x^2 \qquad \frac{dz}{dx}-2xz=-2x^2$$

となり、線形微分方程式となる。ここで、まず同次方程式

$$\frac{dz}{dx}-2xz=0$$

を解く。変形して

$$\frac{dz}{dx}=2xz \qquad \frac{dz}{z}=2xdx$$

両辺を積分すると

$$\ln|z|=x^2+C \qquad z=\pm e^{x^2}e^C=C_1e^{x^2}$$

となる。ここで、C_1 は任意の定数であるが、これを x の関数とみなすと

$$\frac{dz}{dx} = \frac{dC_1(x)}{dx}e^{x^2} + C_1(x)2xe^{x^2}$$

となる。

これを線形微分方程式に代入すると

$$\frac{dC_1(x)}{dx}e^{x^2} + C_1(x)2xe^{x^2} - 2xC_1(x)e^{x^2} = \frac{dC_1(x)}{dx}e^{x^2} = -2x^2$$

よって

$$\frac{dC_1(x)}{dx} = -2x^2 e^{-x^2}$$

となり

$$C_1(x) = -\int 2x^2 e^{-x^2} dx$$

となる。ここで

$$(e^{-x^2})' = -2xe^{-x^2}$$

であるから、部分積分を利用すると

$$C_1(x) = -\int 2x^2 e^{-x^2} dx = \int x(-2xe^{-x^2})dx = \int x(e^{-x^2})' dx = xe^{-x^2} - \int e^{-x^2} dx$$

であるから

$$C_1(x) = xe^{-x^2} - \sqrt{\pi} + C \qquad (C: 定数)$$

となり、結局

$$z = \left(xe^{-x^2} - \sqrt{\pi} + C\right)e^{x^2} = x - (\sqrt{\pi} - C)e^{x^2}$$

と解が与えられる。

2.6. リカッチの微分方程式

1階1次の微分方程式

$$\frac{dy}{dx} = M(x, y)$$

において $M(x, y)$ が y の2次の項を含む微分方程式

$$\frac{dy}{dx} + f(x)y^2 + g(x)y + h(x) = 0$$

を**リカッチの微分方程式** (Riccati differential equation) と呼んでいる。このかたちの微分方程式を簡単に解くことはできない。というよりも、一般的に解法することはできない。

ただし、もし1個でも特殊解が見つかれば、それを足がかりにして解くことができる。具体例で説明した方がわかりやすいので、つぎのリカッチの微分方程式を解いてみよう。

$$\frac{dy}{dx} + \frac{2}{x}y^2 - \frac{y}{x} - 2x = 0$$

この微分方程式では、$y = x$ が特殊解であることがわかる。（これを推測、目視などと呼ぶこともあるが、要は勘と慣れである。）試しに、微分方程式に代入すると

$$1 + \frac{2}{x}x^2 - \frac{x}{x} - 2x = 1 + 2x - 1 - 2x = 0$$

となって、確かにリカッチの微分方程式の解であることがわかる。
　そして、1つの特殊解 $y = m(x)$ が求まれば

$$y = m(x) + u(x)$$

のように、関数 $u(x)$ を特殊解に足して微分方程式に代入する。いまの場合は $m(x) = x$ であるから $y = x + u(x)$ を代入すると

$$\frac{dx}{dx} + \frac{du(x)}{dx} + \frac{2}{x}(x^2 + 2xu(x) + u^2(x)) - \frac{x + u(x)}{x} - 2x = 0$$

となり

$$\frac{du(x)}{dx} + 4u(x) - \frac{u(x)}{x} + \frac{2u^2(x)}{x} = 0$$

となる。ここで

$$u(x) = \frac{1}{v(x)}$$

と置くと

$$\frac{du(x)}{dx} = -\frac{1}{v^2(x)}\frac{dv(x)}{dx}$$

であるから

$$-\frac{1}{v^2(x)}\frac{dv(x)}{dx} + \frac{4}{v(x)} - \frac{1}{xv(x)} + \frac{2}{xv^2(x)} = 0$$

となり

第 2 章　1 階 1 次微分方程式

$$\frac{dv(x)}{dx} - 4v(x) + \frac{v(x)}{x} - \frac{2}{x} = 0$$

となって、2 次の項がうまく消えてくれる。これを変形すると

$$\frac{dv(x)}{dx} - \left(4 - \frac{1}{x}\right)v(x) = \frac{2}{x}$$

となって、1 階の線形微分方程式となるので解法することが可能となる。

演習 2-11　つぎの微分方程式を解法せよ。

$$\frac{dy}{dx} - y^2 + y\sin x - \cos x = 0$$

解）　$y = \sin x$ は、この微分方程式の特殊解である。試しに、方程式に代入すると

$$\frac{dy}{dx} - y^2 + y\sin x - \cos x = \cos x - \sin^2 x + \sin^2 x - \cos x = 0$$

となって、確かに、微分方程式の解であることが確かめられる。ここで

$$y = \sin x + u(x)$$

を微分方程式に代入すると

$$\cos x + \frac{du(x)}{dx} - (\sin x + u(x))^2 + (\sin x + u(x))\sin x - \cos x = 0$$

$$\frac{du(x)}{dx} - \sin^2 x - 2u(x)\sin x - u^2(x) + \sin^2 x + u(x)\sin x = 0$$

$$\frac{du(x)}{dx} - u(x)\sin x - u^2(x) = 0$$

となる。ここで

$$u(x) = \frac{1}{v(x)}$$

と置くと

$$\frac{du(x)}{dx} = -\frac{1}{v^2(x)}\frac{dv(x)}{dx}$$

であるから

$$-\frac{1}{v^2(x)}\frac{dv(x)}{dx} - \frac{\sin x}{v(x)} - \frac{1}{v^2(x)} = 0$$

となり

$$\frac{dv(x)}{dx} + v(x)\sin x + 1 = 0$$

となって、1階の線形微分方程式となる。

定数変化法で、この方程式を解いてみよう。まず、同次方程式

$$\frac{dv(x)}{dx} + v(x)\sin x = 0$$

を解く。

$$\frac{dv(x)}{dx} = -v(x)\sin x \qquad \frac{dv(x)}{v(x)} = -\sin x\, dx$$

より

$$\int \frac{dv(x)}{v(x)} = -\int \sin x\, dx \qquad \ln|v(x)| = \cos x + C \qquad (C: 定数)$$

第 2 章　1 階 1 次微分方程式

となり

$$v(x) = \pm \exp(\cos x + C) = A \exp(\cos x) \quad (A: 定数)$$

ここで、A を x の関数として $\dfrac{dv(x)}{dx} + v(x)\sin x + 1 = 0$ に代入すると

$$\frac{dA(x)}{dx}\exp(\cos x) - (\sin x)A(x)\exp(\cos x) + (\sin x)A(x)\exp(\cos x) + 1 = 0$$

$$\frac{dA(x)}{dx}\exp(\cos x) + 1 = 0$$

よって

$$\frac{dA(x)}{dx} = -\frac{1}{\exp(\cos x)}$$

から

$$A(x) = -\int \exp(-\cos x)dx + C_1 \quad (C_1: 任意定数)$$

よって

$$v(x) = \left\{ -\int \exp(-\cos x)dx + C_1 \right\} \exp(\cos x)$$

したがって一般解は

$$y = \sin x - \frac{1}{\left\{ \int \exp(-\cos x)dx + C_1 \right\} \exp(\cos x)}$$

となる。

第3章　完全微分方程式

　微分方程式の解法には、いろいろな技法が使われる。物理現象の解析の出発は、まず、その素過程を微分方程式を使って表現することにある。そして、微分方程式を解くことができれば、その現象の解析解がえられることになる。

　しかし、微分方程式の解法は、それほど簡単ではないことが多い。このため、いろいろな技法を駆使して、微分方程式を解法するという努力が行われてきた。ただし、その中で、応用とは直接関係のない微分方程式についても、その解法が研究され、数学の一分野を築いているというのも事実である。

　この微分方程式の解法に応用される代表のひとつとして、**完全微分方程式** (exact differential equation) がある。この解法を学ぶと、うまい方法を考え出したものだと感心させられる。この解法では、複変数の関数の**全微分** (total differential) がその基礎となっている。そこで、まず2変数関数の全微分の復習をして、そのうえで完全微分方程式の解法を説明する。

3.1. 関数の全微分

　$z = f(x, y)$ という2変数関数の全微分は

$$dz = \left(\frac{\partial z}{\partial x}\right)_y dx + \left(\frac{\partial z}{\partial y}\right)_x dy$$

となる。あるいは

第3章　完全微分方程式

$$df(x,y) = \left(\frac{\partial f(x,y)}{\partial x}\right)_y dx + \left(\frac{\partial f(x,y)}{\partial y}\right)_x dy$$

と書くことができる。

　この第1項の括弧の中は、2変数関数の$f(x, y)$においてyは一定とみなして、xに関して微分するというもので、**偏微分** (partial differential) と呼ばれる。つぎに、第2項の括弧の中は、2変数関数の$f(x, y)$において、xは一定とみなして、yに関して微分したものである。つまり全微分は、2変数関数において

$(x\text{方向の勾配}) \times (x\text{の変化量})$ つまりx方向の変化量
$(y\text{方向の勾配}) \times (y\text{の変化量})$ つまりy方向の変化量

を足し合わせたもので、x, y両方向の変化量を足し合わせたものとみなすことができる。このため、全 (total) 微分と呼ばれる。

　全微分は、3変数関数に対しても簡単に拡張することができ

$$df(x,y,z) = \left(\frac{\partial f(x,y,z)}{\partial x}\right)_{y,z} dx + \left(\frac{\partial f(x,y,z)}{\partial y}\right)_{x,z} dy + \left(\frac{\partial f(x,y,z)}{\partial z}\right)_{x,y} dz$$

となる。

　同様にして、4変数関数、5変数関数、さらには一般式としてn変数関数に容易に拡張することが可能となる。それでは、具体的に実際の関数で全微分の意味を考えてみよう。

　例として、$z = f(x, y) = xy$ という関数を取り上げる。この関数は、1辺の長さがxとyの長方形の面積を与える。この2変数関数の全微分は

$$dz = df(x,y) = \left(\frac{\partial f(x,y)}{\partial x}\right)_y dx + \left(\frac{\partial f(x,y)}{\partial y}\right)_x dy = ydx + xdy$$

となる。

図 3-1

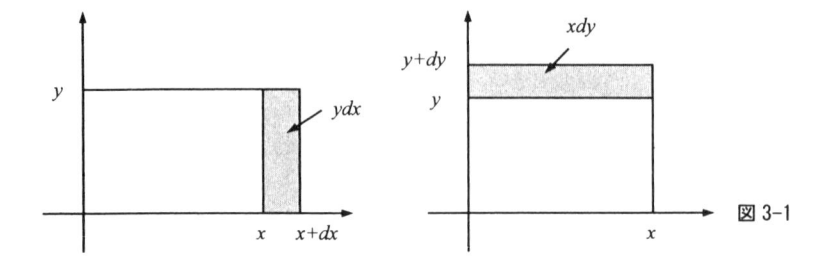

　この意味を図 3-1 を使って考える。この全微分の第 1 項は、ydx であるが、これは、y を一定の条件下で x が dx だけ増加したときに、$z = f(x,y) = xy$ がどれだけ増加するかに対応している。つぎに、第 2 項は x を一定にした状態で y が dy だけ増加したときに、z がどれだけ増加するかに対応している。よって、これら 2 つの項を足し合わせれば、x と y が、それぞれ dx, dy だけ増加したときの関数 z の増加分となる。これが全微分と呼ばれる所以である。

演習 3-1　つぎの関数の全微分を求めよ。

① $z = f(x,y) = \dfrac{x}{y}$　② $z = f(x,y) = \dfrac{y}{x}$　③ $z = f(x,y) = \log xy$

　解）　①　$z = f(x,y) = \dfrac{x}{y}$

$$\left(\dfrac{\partial f(x,y)}{\partial x}\right)_y = \dfrac{1}{y} \qquad \left(\dfrac{\partial f(x,y)}{\partial y}\right)_x = -\dfrac{x}{y^2}$$

であるから全微分は

第3章 完全微分方程式

$$dz = df(x,y) = \frac{1}{y}dx - \frac{x}{y^2}dy = \frac{ydx - xdy}{y^2}$$

となる。

② $z = f(x,y) = \dfrac{y}{x}$

$$\left(\frac{\partial f(x,y)}{\partial x}\right)_y = -\frac{y}{x^2} \qquad \left(\frac{\partial f(x,y)}{\partial y}\right)_x = \frac{1}{x}$$

であるから全微分は

$$dz = df(x,y) = -\frac{y}{x^2}dx + \frac{1}{x}dy = \frac{-ydx + xdy}{x^2}$$

となる。

③ $z = f(x,y) = \log xy$ においては $\log xy = \log x + \log y$ であるから

$$\left(\frac{\partial f(x,y)}{\partial x}\right)_y = \frac{\partial(\log x + \log y)}{dx} = \frac{1}{x}$$
$$\left(\frac{\partial f(x,y)}{\partial x}\right)_x = \frac{\partial(\log x + \log y)}{dy} = \frac{1}{y}$$

となり、全微分は

$$dz = df(x,y) = \frac{1}{x}dx + \frac{1}{y}dy = \frac{ydx + xdy}{xy}$$

となる。

3.2. 完全微分方程式

実は、全微分を利用すると、ある条件を満たす微分方程式を解くことが

できる。これを**完全微分方程式** (exact differential equation) と呼んでいる。これは全微分の値が0になる微分方程式のことである。つまり

$$df(x,y) = \left(\frac{\partial f(x,y)}{\partial x}\right)_y dx + \left(\frac{\partial f(x,y)}{\partial y}\right)_x dy = 0$$

が完全微分方程式である。もし、微分方程式がこのかたちになっていれば、この解として、ただちに

$$f(x,y) = C$$

がえられる。ただし、C は定数である。

これを一般化してみよう。いま微分方程式として

$$P(x,y)dx + Q(x,y)dy = 0$$

が与えられているものとする。このとき、もし

$$\left(\frac{\partial F(x,y)}{\partial x}\right)_y = P(x,y) \qquad \left(\frac{\partial F(x,y)}{\partial y}\right)_x = Q(x,y)$$

という関係を満足する関数 $F(x,y)$ があるならば、この微分方程式の一般解は

$$F(x,y) = C$$

となる。

もちろん、完全微分方程式を満足する微分方程式の数は、そう多くはないはずであるが、運良くこのかたちになっていれば、複雑な積分計算を経ずに解がえられるので、有用な解法である。

第3章 完全微分方程式

> **演習 3-2** つぎの微分方程式の解を求めよ。
>
> $$\frac{1}{y}dx - \frac{x}{y^2}dy = 0$$

解) 演習 3-1 からわかるように、この微分方程式の左辺は関数

$$f(x, y) = \frac{x}{y}$$

の全微分であるから、これは完全微分方程式で

$$f(x, y) = \frac{x}{y} = C \qquad \text{よって } y = \frac{x}{C} \qquad (C: \text{定数})$$

が一般解となる。

ところで、この演習問題では、前もって演習 3-1 で $f(x, y) = x/y$ という関数の全微分を計算していたので、微分方程式が完全微分方程式であるということに気づいたが、通常は、微分方程式を一目見ただけでは、それが完全微分方程式かどうかはわからない。

ひとつの方法としては、代表的な関数について全微分をあらかじめ計算しておき、それを参考にして完全微分方程式かどうかを判定することが考えられる。実際に、演習 3-1 の全微分の他に

$$d\left(\log\frac{y}{x}\right) = \frac{-ydx + xdy}{xy} \qquad d\left(\tan^{-1}\frac{y}{x}\right) = \frac{-ydx + xdy}{x^2 + y^2}$$

の関数の全微分もよく利用される。

演習 3-3 2変数関数 $f(x,y) = \tan^{-1}(y/x)$ の全微分を求めよ。

解) まず逆三角関数の微分の公式は

$$\frac{d}{dt}\tan^{-1}t = \frac{1}{1+t^2} \qquad \frac{d}{du}\tan^{-1}t = \frac{1}{1+t^2}\frac{dt}{du}$$

であった。よって

$$\left(\frac{\partial f(x,y)}{\partial x}\right)_y = \frac{1}{1+(y/x)^2}\left(-\frac{y}{x^2}\right) = -\frac{y}{x^2+y^2}$$

$$\left(\frac{\partial f(x,y)}{\partial y}\right)_x = \frac{1}{1+(y/x)^2}\left(\frac{1}{x}\right) = \frac{x}{x^2+y^2}$$

となるので、全微分は

$$d\left(\tan^{-1}\frac{y}{x}\right) = -\frac{y}{x^2+y^2}dx + \frac{x}{x^2+y^2}dy = \frac{-ydx+xdy}{x^2+y^2}$$

となる。

演習 3-4 つぎの微分方程式の解を求めよ。

$$\frac{y}{x^2+y^2}dx - \frac{x}{x^2+y^2}dy = 0$$

解) 前問を利用すると、これが完全微分方程式であることがわかる。変形すると

$$\frac{y}{x^2+y^2}dx - \frac{x}{x^2+y^2}dy = -d\left(\tan^{-1}\frac{y}{x}\right) = 0$$

となり

$$\tan^{-1}\frac{y}{x} = C \quad \text{より} \quad \frac{y}{x} = \tan C \quad (C: \text{定数})$$

よって

$$y = C'x \quad (C' = \tan C)$$

が一般解となる。

このように、ある微分方程式が完全微分方程式であるということがわかれば、その解法はいとも簡単である。しかし、問題は、どうやって与えられた微分方程式が完全微分方程式であるかどうかを見分けることである。

実は、微分方程式が完全微分方程式であるかどうかの判定方法があり、一般的な解法では、それを利用して判断するのである。

3.3. 完全微分方程式の判定

それでは微分方程式が完全微分方程式かどうかを判定する方法を考えてみよう。いま微分方程式

$$P(x,y)dx + Q(x,y)dy = 0$$

が完全微分方程式であるとすると

$$P(x,y) = \left(\frac{\partial F(x,y)}{\partial x}\right)_y \qquad Q(x,y) = \left(\frac{\partial F(x,y)}{\partial y}\right)_x$$

という条件を満足する関数 $F(x, y)$ が存在することになる。

　少し遠回りになるが、判定条件を求めるために、2 変数関数の偏微分について考察する。ある 2 変数関数 $F(x,y)$ として

$$F(x,y) = a_1 x + a_2 x^2 + a_3 x^3 + ... + b_1 y + b_2 y^2 + b_3 y^3 + ... \\ + c_1 xy + c_2 x^2 y + c_3 x^3 y + ... + d_2 xy^2 + d_3 xy^3 + ...$$

という無限級数を考える。連続関数ならば、一般的にこのような展開が可能である。ここで、この関数の偏微分を求めてみよう。すると

$$\frac{\partial F(x,y)}{\partial x} = a_1 + 2a_2 x + 2a_3 x^2 + ... + c_1 y + 2c_2 xy + 3c_3 x^2 y + ... + d_2 y^2 + d_3 y^3 + ...$$

$$\frac{\partial F(x,y)}{\partial y} = b_1 + 2b_2 y + 3b_3 y^2 + ... + c_1 x + c_2 x^2 + c_3 x^3 + ... + 2d_2 xy + 3d_3 xy^2 + ...$$

となる。さらに、これらの式を y および x で偏微分してみよう。すると

$$\frac{\partial F^2(x,y)}{\partial x \partial y} = c_1 + 2c_2 x + 3c_3 x^2 + ... + 2d_2 y + 3d_3 y^2 + ...$$

$$\frac{\partial F^2(x,y)}{\partial y \partial x} = c_1 + 2c_2 x + 3c_3 x^2 + ... + 2d_2 y + 3d_3 y^2 + ...$$

となって、一般の関数では、x で偏微分したのち y で偏微分した結果と、y で偏微分したのち x で偏微分した結果が一致する。

　この関係を利用すると $P(x,y)dx + Q(x,y)dy = 0$ が完全微分方程式であるならば、ある関数 $F(x, y)$ が存在し

第 3 章　完全微分方程式

$$P(x,y) = \frac{\partial F(x,y)}{\partial x} \qquad Q(x,y) = \frac{\partial F(x,y)}{\partial y}$$

という関係にあるから

$$\frac{\partial P(x,y)}{\partial y} = \frac{\partial Q(x,y)}{\partial x} = \frac{\partial F^2(x,y)}{\partial x \partial y}$$

が成立することになる。

演習 3-5　つぎの微分方程式が完全微分方程式かどうかを判定せよ。

① $\dfrac{ydx + xdy}{xy} = 0$　　② $xydx + y^2 dy = 0$　　③ $2xydx + x^2 dy = 0$

解）　①　この式を変形すると

$$\frac{1}{x}dx + \frac{1}{y}dy = 0$$

となり、一般式

$$P(x,y)dx + Q(x,y)dy = 0$$

において

$$P(x,y) = \frac{1}{x} \qquad Q(x,y) = \frac{1}{y}$$

に対応する。
　ここで

$$\frac{\partial P(x,y)}{\partial y} = 0 \qquad \frac{\partial Q(x,y)}{\partial x} = 0$$

となり

$$\frac{\partial P(x,y)}{\partial y} = \frac{\partial Q(x,y)}{\partial x}$$

を満足するので、完全微分方程式である。

② $P(x,y) = xy$, $Q(x,y) = y^2$ に対応させると

$$\frac{\partial P(x,y)}{\partial y} = x \qquad \frac{\partial Q(x,y)}{\partial x} = 2y$$

となり

$$\frac{\partial P(x,y)}{\partial y} \neq \frac{\partial Q(x,y)}{\partial x}$$

となるから完全微分方程式ではない。

③ $P(x,y) = 2xy$, $Q(x,y) = x^2$ であるから

$$\frac{\partial P(x,y)}{\partial y} = 2x \qquad \frac{\partial Q(x,y)}{\partial x} = 2x$$

となり

$$\frac{\partial P(x,y)}{\partial y} = \frac{\partial Q(x,y)}{\partial x}$$

であるから完全微分方程式である。

　以上の手法を使えば、与えられた微分方程式が完全微分方程式かどうか

の判定ができることがわかった。しかし、これで微分方程式が解法できたわけではない。それでは、完全微分方程式とわかったうえで、どのようにして、微分方程式を解けばよいのであろうか。その方法をつぎに説明する。

3.4. 完全微分方程式の解法

いま、微分方程式

$$P(x,y)dx + Q(x,y)dy = 0$$

が完全微分方程式の条件

$$\frac{\partial P(x,y)}{\partial y} = \frac{\partial Q(x,y)}{\partial x}$$

を満足しているものとする。

このとき、微分方程式を解法するということは

$$P(x,y) = \left(\frac{\partial F(x,y)}{\partial x}\right)_y \qquad Q(x,y) = \left(\frac{\partial F(x,y)}{\partial y}\right)_x$$

を満足する $F(x, y)$ を求めることに他ならない。そこで、$F(x, y)$を計算してみよう。まず、最初の式は y を一定とみなして、$F(x, y)$を x に関して微分したものが $P(x, y)$という意味であるから

$$F(x,y) = \int P(x,y)dx + p(y)$$

という積分で $F(x, y)$を求めることができる。ここで $p(y)$は y だけの任意関数となる。同様にして

$$F(x,y) = \int Q(x,y)dy + q(x)$$

という関係がえられる。$q(x)$ は変数 x だけの任意関数である。これら関数は等しいので

$$\int P(x,y)dy + p(y) = \int Q(x,y)dx + q(x)$$

という条件が課されることになる。この等式から任意関数 $p(y)$ と $q(x)$ を求めることになる。これら任意関数が求まれば、$F(x,y)$ が与えられ、これでめでたく微分方程式を解くことができる。

この解法については、抽象的な説明よりも、実際に演習を行った方がわかりやすいので、**演習 3-5** で判定した完全微分方程式の解法を実際に行ってみよう。

$$\frac{ydx + xdy}{xy} = 0$$

この方程式では

$$P(x,y) = \frac{y}{xy} = \frac{1}{x} \qquad Q(x,y) = \frac{x}{xy} = \frac{1}{y}$$

であるから

$$F(x,y) = \int P(x,y)dx + p(y) = \int \frac{1}{x}dx + p(y) = \log|x| + p(y)$$

$$F(x,y) = \int Q(x,y)dy + q(x) = \int \frac{1}{y}dy + q(x) = \log|y| + q(x)$$

これらは等しくなければならないので

第3章 完全微分方程式

$$\log|x| + p(y) = \log|y| + q(x)$$

よって

$$p(y) = \log|y| + C \qquad q(x) = \log|x| + C$$

となる。C は任意の定数である。そして

$$F(x, y) = \log|x| + \log|y| + C$$

と与えられる。

したがって、微分方程式の解は

$$F(x, y) = \log|x| + \log|y| + C = C_1$$

より

$$\log|y| = C_2 - \log|x| \qquad (ただし C_2 = C_1 - C)$$

が一般解となる。

あるいは

$$\log|xy| = C_2$$

から

$$|xy| = \exp C_2$$
$$xy = \pm \exp C_2$$

となり、右辺は定数であるから A と置きなおすと、一般解として

$$y = \frac{A}{x}$$

がえられる。

演習 3-6 つぎの完全微分方程式を解法せよ。

$$2xydx + x^2dy = 0$$

解) この方程式では

$$P(x,y) = 2xy \qquad Q(x,y) = x^2$$

であるから

$$F(x,y) = \int P(x,y)dx + p(y) = \int 2xydx + p(y) = x^2y + p(y)$$

$$F(x,y) = \int Q(x,y)dy + q(x) = \int x^2dy + q(x) = x^2y + q(x)$$

これらは等しくなければならないので

$$x^2y + p(y) = x^2y + q(x)$$

よって任意関数は

$$p(y) = q(x) = C$$

のように、それぞれ定数関数となる。したがって

$$F(x,y) = x^2y + C = C_1$$

となって

$$y = \frac{C_2}{x^2} \quad (C_2: 任意定数)$$

が一般解となる。

第3章　完全微分方程式

> **演習 3-7**　つぎの微分方程式を解法せよ。
>
> $$(4x^3y^3 - 2xy)dx + (3x^4y^2 - x^2)dy = 0$$

解）　$P(x,y) = 4x^3y^3 - 2xy$, $Q(x,y) = 3x^4y^2 - x^2$ と置くと

$$\frac{\partial P(x,y)}{\partial y} = 12x^3y^2 - 2x \qquad \frac{\partial Q(x,y)}{\partial x} = 12x^3y^2 - 2x$$

となり、完全微分方程式であることがわかる。
　よって

$$F(x,y) = \int P(x,y)dx + p(y) = \int(4x^3y^3 - 2xy)dx + p(y) = x^4y^3 - x^2y + p(y)$$

$$F(x,y) = \int Q(x,y)dy + q(x) = \int(3x^4y^2 - x^2)dy + q(x) = x^4y^3 - x^2y + q(x)$$

となる。つぎに

$$x^4y^3 - x^2y + p(y) = x^4y^3 - x^2y + q(x)$$

より

$$p(y) = q(x) = C$$

のように定数関数となる。
　したがって

$$F(x,y) = x^4y^3 - x^2y + C$$

となり、一般解は

$$x^4y^3 - x^2y = -C$$

となる。

演習 3-8　つぎの微分方程式を解法せよ。

$$(2x^3 + 3y)dx + (3x + y - 1)dy = 0$$

解）　$P(x,y) = 2x^3 + 3y$，$Q(x,y) = 3x + y - 1$ と置くと

$$\frac{\partial P(x,y)}{\partial y} = 3 \qquad \frac{\partial Q(x,y)}{\partial x} = 3$$

となり、完全微分方程式であることがわかる。
　よって

$$F(x,y) = \int P(x,y)dx + p(y) = \int (2x^3 + 3y)dx + p(y) = \frac{x^4}{2} + 3xy + p(y)$$

$$F(x,y) = \int Q(x,y)dy + q(x) = \int (3x + y - 1)dy + q(x) = 3xy + \frac{y^2}{2} - y + q(x)$$

となる。つぎに

$$\frac{x^4}{2} + 3xy + p(y) = 3xy + \frac{y^2}{2} - y + q(x)$$

より、これら関数は

$$\frac{x^4}{2} + p(y) = \frac{y^2}{2} - y + q(x) = C$$

を満足する必要がある。よって、任意関数は、それぞれ

$$p(y) = \frac{y^2}{2} - y + C_1 \qquad q(x) = \frac{x^4}{2} + C_1$$

となる。したがって

$$F(x,y) = \frac{x^4}{2} + 3xy + \frac{y^2}{2} - y + C_1$$

となり、一般解は

$$\frac{x^4}{2} + 3xy + \frac{y^2}{2} - y = -C_1$$

となる。

演習 3-9 つぎの微分方程式を解法せよ。

$$\frac{dy}{dx} = \frac{y\cos x + \cos y}{x\sin y - \sin x}$$

解） この微分方程式を変形すると

$$(y\cos x + \cos y)dx + (\sin x - x\sin y)dy = 0$$

となる。ここで

$$P(x,y) = y\cos x + \cos y \qquad Q(x,y) = \sin x - x\sin y$$

と置く。すると

$$\frac{\partial P(x,y)}{\partial y} = \cos x - \sin y \qquad \frac{\partial Q(x,y)}{\partial x} = \cos x - \sin y$$

となるので、この微分方程式は完全微分方程式であることがわかる。よって

$$F(x,y) = \int P(x,y)dx + p(y) = \int (y\cos x + \cos y)dx + p(y) = y\sin x + x\cos y + p(y)$$

$$F(x,y) = \int Q(x,y)dy + q(x) = \int (\sin x - x\sin y)dy + q(x) = y\sin x + x\cos y + q(x)$$

となり、これら値が等しいことから

$$p(y) = q(x) = C$$

のように定数関数となる。したがって

$$F(x,y) = y\sin x + x\cos y + C$$

よって、微分方程式の解は

$$y\sin x + x\cos y = -C$$

となる。

　このように、微分方程式が完全微分方程式ということさえわかれば、その解法は非常に簡単である。問題は、多くの微分方程式は完全ではない場合の方が多いので、どのようにして、完全かどうかを見極めるかにある。慣れてくれば、勘である程度、見極めがつくようになるが、その判定方法は、それほど面倒ではないので、微分方程式が与えられたら、まずそれが完全かどうかを確かめてみる価値はある。
　ところで、完全微分方程式の解法は簡単であるので、この手法を何とか拡張して、完全ではない場合にも適用できないものであろうか。実は、完全ではない場合でも、ある補正を行えば、完全微分方程式の手法が使えるようになる。その手法をつぎに紹介する。

第 3 章　完全微分方程式

3.5.　積分因子

つぎの微分方程式を考えてみる。

$$-ydx + xdy = 0$$

これが完全微分方程式かどうかを、まず判定してみよう。$P(x,y) = -y$, $Q(x,y) = x$ と置くと

$$\frac{\partial P(x,y)}{\partial y} = -1 \qquad \frac{\partial Q(x,y)}{\partial x} = 1$$

となり

$$\frac{\partial P(x,y)}{\partial y} \neq \frac{\partial Q(x,y)}{\partial x}$$

となるから、完全微分方程式ではないことがわかる。したがって、残念ながら、この微分方程式の解法には完全微分方程式の手法は使えないことになる。
　よって、別の手法を探すというのも一策である。しかし、ここで、もう少し、この微分方程式を調べてみよう。この方程式は

$$\frac{dy}{dx} = \frac{y}{x}$$

のように変形できる。$y \neq 0$ とすると、分子、分母を y^2 で割っても、値は変わらないはずである。そこで

$$\frac{dy}{dx} = \frac{y/y^2}{x/y^2}$$

と置きなおす。ここで、ふたたび変形すると

83

$$\frac{y}{y^2}dx - \frac{x}{y^2}dy = 0 \qquad \frac{1}{y}dx - \frac{x}{y^2}dy = 0$$

となる。あらためて、この微分方程式を判定してみよう。

$P(x,y) = \dfrac{1}{y}, \ Q(x,y) = -\dfrac{x}{y^2}$ と置くと

$$\frac{\partial P(x,y)}{\partial y} = -\frac{1}{y^2} \qquad \frac{\partial Q(x,y)}{\partial x} = -\frac{1}{y^2}$$

となって

$$\frac{\partial P(x,y)}{\partial y} = \frac{\partial Q(x,y)}{\partial x}$$

のように、完全微分方程式の条件を満足するようになる。つまり、もとの微分方程式が完全でない場合でも、適当な関数をかけることで完全微分方程式をつくることができるのである。

　それでは、この微分方程式を解いてみよう。完全微分方程式であるから、それぞれ積分すると

$$F(x,y) = \int P(x,y)dx + p(y) = \int \left(\frac{1}{y}\right)dx + p(y) = \frac{x}{y} + p(y)$$

$$F(x,y) = \int Q(x,y)dy + q(x) = \int \left(-\frac{x}{y^2}\right)dy + q(x) = \frac{x}{y} + q(x)$$

となるが、これら関数の値が等しいことから、任意関数は

$$p(y) = q(x) = C$$

のように定数関数となる。よって

第3章　完全微分方程式

$$F(x,y) = \frac{x}{y} + C$$

したがって、微分方程式の一般解は

$$\frac{x}{y} + C = C_1$$

あるいは A を定数として

$$y = \frac{x}{A}$$

が解となる。

　ところで、この解は、最初の微分方程式の解となっているのであろうか。それを確かめるために、この式を最初の微分方程式 $-ydx + xdy = 0$ の左辺に代入してみよう。

$$dy = \frac{1}{A}dx$$

であるから

$$-ydx + xdy = -\frac{x}{A}dx + x\left(\frac{1}{A}\right)dx = 0$$

となり、完全微分方程式を利用して求めた一般解が、最初の微分方程式の解となることがわかる。

　これは、よく考えれば当たり前の話で、最初の微分方程式に $1/y^2$ をかけただけであるから、$y=0$ でない限り、これらふたつの微分方程式の解は一致しなければならない。

　このように、与えられた微分方程式

$$P(x,y)dx + Q(x,y)dy = 0$$

が完全微分形でない場合でも、適当な関数 $M(x,y)$ をかけることでえられる

$$M(x,y)P(x,y)dx + M(x,y)Q(x,y)dy = 0$$

が完全微分方程式となる場合がある。このとき、完全微分方程式の解は、変形前の微分方程式の解を与える。このとき、関数 $M(x, y)$ のことを**積分因子** (integrating factor) と呼んでいる。前章で紹介した積分因子と意味は同じである。つまり、この関数をかけることによって、積分が可能になるという意味である。

演習 3-10　つぎの微分方程式を解法せよ。

$$(1+2x)e^{-y}dx + 2e^y dy = 0$$

ただし、e^y が積分因子であることがわかっている。

解）　まず、確認の意味で最初の微分方程式が完全微分形かどうかを確かめてみよう。すると

$$\frac{\partial\{(1+2x)e^{-y}\}}{\partial y} = -(1+2x)e^{-y}, \quad \frac{\partial(2e^y)}{\partial x} = 0$$

となって、完全微分形ではないことがわかる。つぎに両辺に e^y をかけてみる。

$$(1+2x)dx + 2e^{2y}dy = 0$$

となる。このとき

$$\frac{\partial(1+2x)}{\partial y} = 0 \quad \frac{\partial(2e^{2y})}{\partial x} = 0$$

第 3 章　完全微分方程式

となって、確かに完全微分形となることがわかる。
　よって、この微分方程式の解は

$$F(x,y) = \int(1+2x)dx + p(y) = x + x^2 + p(y)$$
$$F(x,y) = \int 2e^{2y}dy + q(x) = e^{2y} + q(x)$$

という積分を求め、これら関数が等しいことから

$$p(y) = e^{2y} + C \qquad q(x) = x + x^2 + C$$

のように任意関数が求められる。
　したがって

$$F(x,y) = x + x^2 + e^{2y} + C$$

となり

$$e^{2y} = -x - x^2 - C$$

あるいは

$$y = \frac{1}{2}\ln(-x - x^2 - C)$$

が一般解となる。

　このように、**積分因子**がわかれば、それを微分方程式にかけることで完全微分形に変形することができる。
　しかし、問題はどうやって積分因子を見つけるかである。**演習** 3-10 の場合には積分因子があらかじめ与えられていたので、簡単に解法することができたが、一般には、自分で積分因子を求める必要がある。
　一番簡単な方法は勘である。あらためて「勘」という言葉を使うと違和

感があるが、微分方程式に限らず、多くの数学問題では、いかに勘を働かすかが重要であることは多くのひとが経験しているはずである。いまの演習でも、たとえ e^y が積分因子として与えられていなくとも、この関数をかければ、それぞれ dx, dy の関数が x および y のみの関数となることがわかるので、完全微分形に変形できると勘を働かすことができる。

とはいっても、勘だけに頼っているわけにはいかないので、ある程度の指針をえる必要がある。そこで、積分因子の求め方について少し考えてみよう。

まず、もとの微分方程式に積分因子をかけてできた

$$M(x,y)P(x,y)dx + M(x,y)Q(x,y)dy = 0$$

が完全微分方程式であるから

$$\frac{\partial(M(x,y)P(x,y))}{\partial y} = \frac{\partial(M(x,y)Q(x,y))}{\partial x}$$

が成立しなければならない。左辺は

$$\frac{\partial(M(x,y)P(x,y))}{\partial y} = \frac{\partial M(x,y)}{\partial y}P(x,y) + M(x,y)\frac{\partial P(x,y)}{\partial y}$$

右辺は

$$\frac{\partial(M(x,y)Q(x,y))}{\partial x} = \frac{\partial M(x,y)}{\partial x}Q(x,y) + M(x,y)\frac{\partial Q(x,y)}{\partial x}$$

となる。

よって積分因子の条件として

$$\frac{\partial M(x,y)}{\partial y}P(x,y) - \frac{\partial M(x,y)}{\partial x}Q(x,y) + M(x,y)\left(\frac{\partial P(x,y)}{\partial y} - \frac{\partial Q(x,y)}{\partial x}\right) = 0$$

が与えられることになる。この関係を満足する $M(x,y)$ を求めれば、それが

第 3 章　完全微分方程式

積分因子ということになるが、これ自体が立派な微分方程式（しかも偏微分を含んでいる）であるから、微分方程式を解くために、新たな微分方程式を解くという愚を冒しかねない。

そこで、簡単な場合として、$M(x, y)$ が x あるいは y だけの関数の場合を考えてみる。まず、x だけの関数の場合、この条件式は

$$-\frac{dM(x)}{dx}Q(x,y) + M(x)\left(\frac{\partial P(x,y)}{\partial y} - \frac{\partial Q(x,y)}{\partial x}\right) = 0$$

と簡単になる。これを変形すると

$$\frac{dM(x)}{M(x)} = \frac{1}{Q(x,y)}\left(\frac{\partial P(x,y)}{\partial y} - \frac{\partial Q(x,y)}{\partial x}\right)dx$$

となる。ここで

$$\frac{1}{Q(x,y)}\left(\frac{\partial P(x,y)}{\partial y} - \frac{\partial Q(x,y)}{\partial x}\right) = f(x)$$

のように、右辺の関数が x のみの関数であったならば

$$\frac{dM(x)}{M(x)} = f(x)dx$$

となり、両辺を積分して

$$\ln M(x) = \int f(x)dx$$

つまり

$$M(x) = \exp\left(\int f(x)dx\right)$$

が積分因子ということになる。

この解法では、$M(x, y)$ が x のみの関数 $M(x)$ ならばという仮定をしたが、

われわれが実際に目にするのは、$P(x,y)$ と $Q(x,y)$ であるから、条件としては

$$\frac{1}{Q(x,y)}\left(\frac{\partial P(x,y)}{\partial y}-\frac{\partial Q(x,y)}{\partial x}\right)$$

が x のみの関数の場合、$M(x)=\exp\left(\int f(x)dx\right)$ が積分因子となるということになる。同様にして

$$\frac{1}{P(x,y)}\left(\frac{\partial P(x,y)}{\partial y}-\frac{\partial Q(x,y)}{\partial x}\right)=g(y)$$

のように y のみの関数である場合には

$$M(y)=\exp\left(-\int g(y)dx\right)$$

が積分因子となる。

演習 3-11 微分方程式

$$P(x,y)dx+Q(x,y)dy=0$$

において

$$\frac{1}{P(x,y)}\left(\frac{\partial P(x,y)}{\partial y}-\frac{\partial Q(x,y)}{\partial x}\right)=g(y)$$

が y のみの関数となる場合に

$$M(y)=\exp\left(-\int g(y)dy\right)$$

が積分因子となることを確かめよ。

第3章　完全微分方程式

解）　$M(x, y)$ が上記微分方程式の積分因子となる条件は

$$\frac{\partial M(x, y)}{\partial y} P(x, y) - \frac{\partial M(x, y)}{\partial x} Q(x, y) + M(x, y) \left(\frac{\partial P(x, y)}{\partial y} - \frac{\partial Q(x, y)}{\partial x} \right) = 0$$

ここで、$M(x, y) = M(y)$ とすると、積分因子の条件は

$$\frac{dM(y)}{dy} P(x, y) + M(y) \left(\frac{\partial P(x, y)}{\partial y} - \frac{\partial Q(x, y)}{\partial x} \right) = 0$$

となる。よって

$$\frac{dM(y)}{M(y)} = -\frac{1}{P(x, y)} \left(\frac{\partial P(x, y)}{\partial y} - \frac{\partial Q(x, y)}{\partial x} \right) dy$$

となる。いま

$$\frac{1}{P(x, y)} \left(\frac{\partial P(x, y)}{\partial y} - \frac{\partial Q(x, y)}{\partial x} \right) = g(y)$$

であるから

$$\ln M(y) = -\int g(y) dy$$

よって

$$M(y) = \exp\left(-\int g(y) dy \right)$$

が積分因子となる。

あるいは、最初の微分方程式に $M(y)$ をかけてみる。すると

$$M(y)P(x,y)dx + M(y)Q(x,y)dy = 0$$

となる。ここで

$$\frac{\partial [M(y)P(x,y)]}{\partial y} = \frac{dM(y)}{dy}P(x,y) + M(y)\frac{\partial P(x,y)}{\partial y}$$

$$\frac{\partial [M(y)Q(x,y)]}{\partial x} = M(y)\frac{\partial Q(x,y)}{\partial x}$$

となる。ここで $M(y) = \exp\left(-\int g(y)dy\right)$ より

$$\frac{dM(y)}{dy} = -g(y)\exp\left(-\int g(y)dy\right) = -g(y)M(y)$$

であるから

$$\frac{\partial [M(y)P(x,y)]}{\partial y} = \frac{dM(y)}{dy}P(x,y) + M(y)\frac{\partial P(x,y)}{\partial y}$$

$$= -g(y)M(y)P(x,y) + M(y)\frac{\partial P(x,y)}{\partial y}$$

となる。ここで

$$g(y) = \frac{1}{P(x,y)}\left(\frac{\partial P(x,y)}{\partial y} - \frac{\partial Q(x,y)}{\partial x}\right)$$

を代入すると

$$\frac{\partial [M(y)P(x,y)]}{\partial y} = -g(y)M(y)P(x,y) + M(y)\frac{\partial P(x,y)}{\partial y} = M(y)\frac{\partial Q(x,y)}{\partial x}$$

第 3 章　完全微分方程式

となり

$$\frac{\partial[M(y)P(x,y)]}{\partial y} = \frac{\partial[M(y)Q(x,y)]}{\partial x}$$

となるので、積分因子であることが確かめられる。

演習 3-12　つぎの微分方程式

$$(1+2x)e^{-y}dx + 2e^y dy = 0$$

が完全微分方程式になるための積分因子を求めよ。

解）　$P(x,y) = (1+2x)e^{-y}$, $Q(x,y) = 2e^y$ と置く。すると

$$\frac{\partial P(x,y)}{\partial y} = -(1+2x)e^{-y}, \quad \frac{\partial Q(x,y)}{\partial x} = 0$$

となり、完全微分形ではないことがわかる。つぎに

$$\frac{\partial P(x,y)}{\partial y} - \frac{\partial Q(x,y)}{\partial x} = -(1+2x)e^{-y}$$

となるから、これを $P(x,y)$ で除したものは

$$\frac{1}{P(x,y)}\left(\frac{\partial P(x,y)}{\partial y} - \frac{\partial Q(x,y)}{\partial x}\right) = -\frac{(1+2x)e^{-y}}{(1+2x)e^{-y}} = -1$$

となる。これは定数関数であるが、y の関数とみなすこともでき

$$\frac{1}{P(x,y)}\left(\frac{\partial P(x,y)}{\partial y}-\frac{\partial Q(x,y)}{\partial x}\right)=-1=g(y)$$

と置くことができる。すると積分因子は

$$M(y)=\exp\left(-\int g(y)dy\right)=\exp\left(\int dy\right)=\exp(y)=e^{y}$$

と与えられる。

演習 3-13 つぎの微分方程式を解法せよ。

$$(x^2+y^2+x)dx+xydy=0$$

解) $P(x,y)=x^2+y^2+x$, $Q(x,y)=xy$ と置く。すると

$$\frac{\partial P(x,y)}{\partial y}=2y \qquad \frac{\partial Q(x,y)}{\partial x}=y$$

となるので完全微分形ではないことがわかる。しかし

$$\frac{\partial P(x,y)}{\partial y}-\frac{\partial Q(x,y)}{\partial x}=y$$

であるから、$Q(x,y)=xy$ で除すと

$$\frac{1}{Q(x,y)}\left(\frac{\partial P(x,y)}{\partial y}-\frac{\partial Q(x,y)}{\partial x}\right)=\frac{y}{xy}=\frac{1}{x}=f(x)$$

となって、x のみの関数となる。したがって積分因子は

第 3 章　完全微分方程式

$$M(x) = \exp\left(\int f(x)dx\right) = \exp\left(\int \frac{dx}{x}\right) = \exp\ln|x| = |x|$$

となる。

そこで、微分方程式に x を乗ずると

$$(x^3 + xy^2 + x^2)dx + x^2 y\, dy = 0$$

となり、$A(x,y) = x^3 + xy^2 + x^2$, $B(x,y) = x^2 y$ と置くと

$$\frac{\partial A(x,y)}{\partial y} = 2xy \qquad \frac{\partial B(x,y)}{\partial x} = 2xy$$

となり、完全微分形になることがわかる。よって

$$F(x,y) = \int (x^3 + xy^2 + x^2)dx + p(y) = \frac{x^4}{4} + \frac{x^2 y^2}{2} + \frac{x^3}{3} + p(y)$$

$$F(x,y) = \int x^2 y\, dy + q(x) = \frac{x^2 y^2}{2} + q(x)$$

となり、これら 2 式が等しいことから

$$p(y) = C \qquad q(x) = \frac{x^4}{4} + \frac{x^3}{3} + C$$

となることがわかる。よって

$$F(x,y) = \frac{x^4}{4} + \frac{x^2 y^2}{2} + \frac{x^3}{3} + C$$

となる。したがって

$$\frac{x^4}{4}+\frac{x^2y^2}{2}+\frac{x^3}{3}+C=0$$

が微分方程式の解となる。

第4章　1階高次微分方程式

いままで取り扱ってきた微分方程式は導関数の次数が 1 の場合であったが、導関数の次数が 2 以上の微分方程式も当然存在する。例えば

$$A(x,y)\left(\frac{dy}{dx}\right)^2 + B(x,y)\frac{dy}{dx} + C(x,y) = 0$$

は **1 階 2 次** (the first order and the second degree) の微分方程式である。

4.1. 因数分解による解法

高次 (higher degree) の 1 階微分方程式を解くには、次数が高いままでは難しいので、与えられた方程式から何とか 1 次の導関数 *dy/dx* の値を求める工夫をする必要がある。例えば

$$y\left(\frac{dy}{dx}\right)^2 + (x-y)\frac{dy}{dx} - x = 0$$

という1階2次の微分方程式を考えてみよう。すると、この方程式は

$$y\frac{dy}{dx}\left(\frac{dy}{dx}-1\right) + x\left(\frac{dy}{dx}-1\right) = 0$$

$$\left(y\frac{dy}{dx}+x\right)\left(\frac{dy}{dx}-1\right) = 0$$

のように 1 次式の積に**因数分解** (factorization) することができる。このように分解できれば、この微分方程式の解は

$$y\frac{dy}{dx} + x = 0 \qquad \frac{dy}{dx} - 1 = 0$$

というふたつの 1 階 1 次の微分方程式の解であることがわかる。後は、これら微分方程式の解を求めればよいことになる。

それぞれの微分方程式の解は

$$y\frac{dy}{dx} = -x \qquad ydy = -xdx$$

より

$$\int ydy = -\int xdx \qquad y^2 = -x^2 + C_1$$

また

$$\frac{dy}{dx} = 1 \qquad dy = dx \qquad \int dy = \int dx$$

より

$$y = x + C_2$$

となる。あるいは、微分方程式の一般解をまとめて

$$(x^2 + y^2 - C_1)(x - y + C_2) = 0$$

と書くこともできる。

　つまり、高次の微分方程式の場合、因数分解によって 1 次の微分方程式に還元することができれば、あとは 1 階 1 次微分方程式の解法手法を使って解をえることができるのである。

第4章　1階高次微分方程式

> **演習 4-1**　つぎの 2 次の微分方程式を解法せよ。
>
> $$x^2\left(\frac{dy}{dx}\right)^2 + 3xy\left(\frac{dy}{dx}\right) + 2y^2 = 0$$

解)　簡単化のために $p = dy/dx$ と置く。すると

$$x^2 p^2 + 3xyp + 2y^2 = 0$$

となる。これを因数分解すると

$$(xp + y)(xp + 2y) = 0$$

よって

$$x\frac{dy}{dx} + y = 0 \qquad x\frac{dy}{dx} + 2y = 0$$

の 1 階 1 次の微分方程式の解が求める解となる。

最初の微分方程式は

$$x\frac{dy}{dx} = -y \qquad \frac{dy}{y} = -\frac{dx}{x}$$

より

$$\int\frac{dy}{y} = -\int\frac{dx}{x} \qquad \ln|y| = -\ln|x| + C$$

よって

$$\ln|x| + \ln|y| = C \qquad \ln|xy| = C$$

したがって

$$xy = C_1 \qquad (C_1：定数)$$

99

が解となる。

つぎの微分方程式は

$$x\frac{dy}{dx} = -2y \qquad \frac{dy}{y} = -2\frac{dx}{x}$$

$$\int\frac{dy}{y} = -2\int\frac{dx}{x} \qquad \ln|y| = -2\ln|x| + C$$

$$2\ln|x| + \ln|y| = C \qquad \ln|x^2 y| = C$$

よって

$$x^2 y = C_2 \qquad (C_2: 定数)$$

が解となる。

まとめて書くと

$$(xy - C_1)(x^2 y - C_2) = 0$$

が一般解となる。

演習 4-2 つぎの 3 次の微分方程式を解法せよ。

$$\left(\frac{dy}{dx}\right)^3 - y\left(\frac{dy}{dx}\right)^2 - x\left(\frac{dy}{dx}\right) + xy = 0$$

解) 簡単化のために $p = dy/dx$ と置く。すると

$$p^3 - yp^2 - xp + xy = 0$$

となる。これは

第4章　1階高次微分方程式

$$p^2(p-y) - x(p-y) = 0 \qquad (p^2 - x)(p-y) = 0$$

と因数分解できる。よって

$$p = \pm\sqrt{x} \qquad p = y$$

であるので

$$\frac{dy}{dx} = \sqrt{x} \qquad \frac{dy}{dx} = -\sqrt{x} \qquad \frac{dy}{dx} = y$$

の3個の1階1次の微分方程式に還元できる。よって、$dy = \sqrt{x}dx$ のとき、直接積分して

$$y = \int x^{\frac{1}{2}} dx = \frac{1}{1+\frac{1}{2}} x^{1+\frac{1}{2}} + C = \frac{2}{3} x^{\frac{3}{2}} + C$$

$dy = -\sqrt{x}dx$ のとき、直接積分して

$$y = -\int x^{\frac{1}{2}} dx = -\frac{1}{1+\frac{1}{2}} x^{1+\frac{1}{2}} + C = -\frac{2}{3} x^{\frac{3}{2}} + C$$

$dy/dx = y$ のとき、変数分離して

$$\frac{dy}{y} = dx \qquad \int \frac{dy}{y} = \int dx \qquad \ln|y| = x + C$$

よって

$$y = \pm \exp(x + C) = Ae^x$$

となる。

4.2. 従属変数について解ける場合

導関数 dy/dx を p と置いて、高次の微分方程式が

$$y = f(x, p)$$

と変形できるとする。このとき、両辺を x で微分すると

$$\frac{dy}{dx} = p = \frac{\partial f(x, p)}{\partial x} + \frac{\partial f(x, p)}{\partial p}\frac{dp}{dx}$$

となり

$$p = F\left(x, p, \frac{dp}{dx}\right)$$

という微分方程式が新たにできる。これを解法すると p と x に関する関係式がえられる。さらに $y = f(x, p)$ を利用して p を消去すると、微分方程式の解がえられる。

あるいは、消去が大変な場合には、p を**助変数** (parameter)[1] として x と y の関係を間接的に示すことができる。この場合、p は dy/dx ではなく変数であることに注意する。

例えば、つぎの4次の1階微分方程式の解法を考えてみよう。

$$2x\frac{dy}{dx} + x^2\left(\frac{dy}{dx}\right)^4 - y = 0$$

まず $dy/dx = p$ と置くと

$$2xp + x^2 p^4 - y = 0$$

となり

---

[1] 英語の parameter をそのまま使って、パラメータと呼ぶ場合もある。

第4章　1階高次微分方程式

$$y = 2xp + x^2 p^4$$

となって y について解くことができる。ここで両辺を x について微分すると

$$\frac{dy}{dx} = p = 2p + 2x\frac{dp}{dx} + 2xp^4 + 4x^2 p^3 \frac{dp}{dx}$$

よって

$$p + 2x\frac{dp}{dx} + 2xp^4 + 4x^2 p^3 \frac{dp}{dx} = 0$$

という p に関する1次の微分方程式ができる。これを変形すると

$$2x(1+2xp^3)\frac{dp}{dx} + p(1+2xp^3) = 0$$

$$(1+2xp^3)\left(2x\frac{dp}{dx} + p\right) = 0$$

となる。よって

$$2x\frac{dp}{dx} + p = 0 \quad \text{あるいは} \quad 1 + 2xp^3 = 0$$

が解を与えることになる。

まず、$2x\dfrac{dp}{dx} + p = 0$ の場合

$$2x\frac{dp}{dx} = -p \qquad \frac{dp}{p} = -\frac{1}{2x}dx$$

$$\int \frac{dp}{p} = -\frac{1}{2}\int \frac{1}{x}dx \qquad \ln|p| = -\frac{1}{2}\ln|x| + C$$

$$2\ln|p| + \ln|x| = 2C \qquad xp^2 = C_1$$

したがって

$$\frac{dy}{dx} = p = \pm\frac{\sqrt{C_1}}{\sqrt{x}} \qquad y = \pm C_2\sqrt{x} + C_3$$

が解となる（C_1, C_2, C_3：定数）。

つぎに $1 + 2xp^3 = 0$ の場合は

$$p^3 = -\frac{1}{2x} \qquad p = \left(-\frac{1}{2x}\right)^{\frac{1}{3}} \qquad \frac{dy}{dx} = \left(-\frac{1}{2x}\right)^{\frac{1}{3}} = \left(-\frac{1}{2}\right)^{\frac{1}{3}} x^{-\frac{1}{3}}$$

となり、両辺を積分すると

$$y = \int \left(-\frac{1}{2}\right)^{\frac{1}{3}} x^{-\frac{1}{3}} dx = \left(-\frac{1}{2}\right)^{\frac{1}{3}} \frac{1}{1-\frac{1}{3}} x^{1-\frac{1}{3}} + C = \left(-\frac{1}{2}\right)^{\frac{1}{3}} \frac{3}{2} x^{\frac{2}{3}} + C$$

が一般解となる。

演習 4-3　つぎの高次の微分方程式を解法せよ。

$$y\left(\frac{dy}{dx}\right)^3 - \left(1 + \left(\frac{dy}{dx}\right)^2\right)^2 = 0$$

解）　$p = dy/dx$ と置くと

第4章　1階高次微分方程式

$$yp^3 - (1+p^2)^2 = 0 \qquad yp^3 = 1 + 2p^2 + p^4$$

よって

$$y = \frac{1}{p^3} + 2\frac{1}{p} + p$$

両辺を x で微分すると

$$\frac{dy}{dx} = p = \left(-\frac{3}{p^4} - \frac{2}{p^2} + 1\right)\frac{dp}{dx}$$

$$\frac{dx}{dp} = \frac{1}{p} - \frac{2}{p^3} - \frac{3}{p^5}$$

よって

$$x = \ln|p| + \frac{1}{p^2} + \frac{3}{4p^4} + C$$

のように x が p の関数としてえられる。ここで $y = \dfrac{1}{p^3} + 2\dfrac{1}{p} + p$ という関係にあるので p を助変数として

$$\begin{cases} x = \ln|p| + \dfrac{1}{p^2} + \dfrac{3}{4p^4} + C \\ y = \dfrac{1}{p^3} + \dfrac{2}{p} + p \end{cases}$$

という組み合わせで、x と y の対応関係を示すことができる。

　上の演習の x と y の対応関係は、例えば、$p = 1$ のときは、それぞれ x, y の式の p に代入して

$$(x, y) = \left(\frac{7}{4} + C, 4\right)$$

となる。

4.3. 独立変数について解ける場合

導関数 dy/dx を p と置いて、高次の微分方程式が

$$x = f(y, p)$$

と変形できるとする。このとき、両辺を y で微分すると

$$\frac{dx}{dy} = \frac{1}{p} = \frac{\partial f(y, p)}{\partial y} + \frac{\partial f(y, p)}{\partial p}\frac{dp}{dy}$$

となり

$$\frac{1}{p} = F\left(y, p, \frac{dp}{dy}\right)$$

という微分方程式をつくることができる。

　これを解法すると p と y に関する関係式がえられ、それを、さらに $x = f(y, p)$ を利用して p を消去すると、微分方程式の解がえられる。あるいは、消去が大変な場合には、p を助変数として x と y の関係を間接的に示すこともできる。

$$3x\frac{dy}{dx} + 6y^2\left(\frac{dy}{dx}\right)^2 - y = 0$$

という微分方程式を解法してみよう。$dy/dx = p$ と置くと

$$3xp + 6y^2 p^2 - y = 0$$

$$3xp = y - 6y^2 p^2$$
$$3x = \frac{y}{p} - 6y^2 p$$

この両辺を y で微分すると

$$3\frac{dx}{dy} = \frac{3}{p} = \frac{1}{p} - \frac{y}{p^2}\frac{dp}{dy} - 12yp - 6y^2\frac{dp}{dy}$$

整理すると

$$\frac{2}{p} + \frac{y}{p^2}\frac{dp}{dy} + 12yp + 6y^2\frac{dp}{dy} = 0$$
$$y\left(\frac{1}{p^2} + 6y\right)\frac{dp}{dy} + 2p\left(\frac{1}{p^2} + 6y\right) = 0$$
$$\left(\frac{1}{p^2} + 6y\right)\left(y\frac{dp}{dy} + 2p\right) = 0$$

よって

$$y\frac{dp}{dy} + 2p = 0 \quad \text{あるいは} \quad \frac{1}{p^2} + 6y = 0$$

が解を与える。

まず $y\dfrac{dp}{dy} + 2p = 0$ の場合は

$$y\frac{dp}{dy} = -2p \qquad \frac{dp}{p} = -\frac{2}{y}dy$$

と変数分離でき、両辺を積分すると

$$\ln|p| = -2\ln|y| + C_1 \qquad (C_1: \text{定数})$$

より

$$\ln|p| + 2\ln|y| = C_1 \qquad \ln|py^2| = C_1$$

よって

$$py^2 = C_2 (= \pm \exp(C_1))$$

となり、$3x = \dfrac{y}{p} - 6y^2 p$ に代入すると

$$3x = \frac{y^3}{C_2} - 6C_2 \qquad \text{より} \qquad y^3 = 3C_2 x + 6C_2^2$$

が解としてえられる。

つぎに $\dfrac{1}{p^2} + 6y = 0$ の場合には

$$\frac{1}{p^2} = -6y \qquad p = \pm \frac{1}{\sqrt{-6y}}$$

ただし $y<0$ の場合のみ解を持つ。

$$\frac{dy}{dx} = \pm \frac{1}{\sqrt{-6y}} \qquad (-6y)^{\frac{1}{2}} dy = \pm 1 dx$$

となるから、両辺を積分すると

$$\frac{2}{3}(-6y)^{\frac{3}{2}} = \pm x + C_3 \qquad (C_3: \text{定数})$$

が解となる。

第4章　1階高次微分方程式

> **演習 4-4**　次の高次の微分方程式を解法せよ。
> $$xy^2\left(\frac{dy}{dx}\right)^2 - y^3\frac{dy}{dx} + x = 0$$

解)　簡単化のために $dy/dx = p$ と置く。すると

$$xy^2 p^2 - y^3 p + x = 0$$

となる。これを変形すると

$$x(1+y^2 p^2) = y^3 p \qquad x = \frac{y^3 p}{1+y^2 p^2}$$

のように x について解くことができる。

ここで、両辺を y について微分する。

$$\frac{dx}{dy} = \frac{1}{p} = \frac{\left(3y^2 p + y^3 \dfrac{dp}{dy}\right)(1+y^2 p^2) - y^3 p\left(2yp^2 + 2y^2 p \dfrac{dp}{dy}\right)}{(1+y^2 p^2)^2}$$

整理すると

$$\frac{\left(3y^2 p + y^3 \dfrac{dp}{dy}\right)}{(1+y^2 p^2)} - \frac{y^3 p\left(2yp^2 + 2y^2 p \dfrac{dp}{dy}\right)}{(1+y^2 p^2)^2} - \frac{1}{p} = 0$$

$$p(1+y^2 p^2)\left(3y^2 p + y^3 \frac{dp}{dy}\right) - y^3 p^2\left(2yp^2 + 2y^2 p \frac{dp}{dy}\right) - (1+y^2 p^2)^2 = 0$$

$$3y^2 p^2 (1+y^2 p^2) + y^3 p(1+y^2 p^2)\frac{dp}{dy} - 2y^4 p^4 - 2y^5 p^3 \frac{dp}{dy}$$

$$-(1+2y^2p^2+y^4p^4)=0$$

$$3y^2p^2+3y^4p^4-2y^4p^4-1-2y^2p^2-y^4p^4+(y^3p+y^5p^3-2y^5p^3)\frac{dp}{dy}=0$$

$$y^2p^2-1+y^3p(1-y^2p^2)\frac{dp}{dy}=0$$

よって

$$(1-y^2p^2)\left(y^3p\frac{dp}{dy}-1\right)=0$$

したがって

$$y^2p^2=1 \quad \text{あるいは} \quad y^3p\frac{dp}{dy}=1$$

を満足する y が解である。

ここで $y^2p^2=1$ のとき

$$x=\frac{y^3p}{1+y^2p^2}=\pm\frac{y^3}{(1+1)\sqrt{y^2}}=\pm\frac{y^2}{2}$$

より

$$y^2=\pm 2x$$

が解となる。これは任意定数を含んでいないので、特異解である。

つぎに $y^3p\frac{dp}{dy}=1$ のとき

$$pdp=\frac{1}{y^3}dy$$

$$\frac{p^2}{2}=-\frac{1}{2y^2}+C$$

$$p^2y^2+1=2Cy^2$$

ここで

第4章 1階高次微分方程式

であったから

$$x = \frac{y^3 p}{1+y^2 p^2}$$

$$x = \frac{y^3 p}{1+y^2 p^2} = \frac{y^3 p}{2Cy^2} = \frac{yp}{2C} = \frac{\pm\sqrt{2Cy^2-1}}{2C}$$

両辺を2乗して整理すると

$$x^2 = \frac{2Cy^2-1}{4C^2} \qquad 4C^2 x^2 = 2Cy^2 - 1$$

よって

$$y^2 = 2Cx^2 + \frac{1}{2C}$$

が解となる。これが一般解である。

いまの演習で解法した微分方程式の解は

$$y^2 = 2Cx^2 + \frac{1}{2C} \quad \text{および} \quad y^2 = \pm 2x$$

となった。最初の解は、定数 C を含んでおり、**一般解** (general solution) と呼ばれる。これに対し、後者は定数項を含んでいないうえ、一般解の C にどんな数値を代入してもえることができない。このような解を**特異解** (singular solution) と呼んでいる。

4.4. クレローの微分方程式

高次の微分方程式が

$$y = x\frac{dy}{dx} + f\left(\frac{dy}{dx}\right) \quad \text{あるいは} \quad y = px + f(p)$$

のかたちに変形できるとき、この微分方程式を**クレローの微分方程式** (Clairaunt's differential equation) と呼んでいる。

この方程式を解くために両辺を x で微分してみよう。すると

$$\frac{dy}{dx} = p = p + x\frac{dp}{dx} + \frac{df(p)}{dp}\frac{dp}{dx}$$

となり、整理すると

$$x\frac{dp}{dx} + \frac{df(p)}{dp}\frac{dp}{dx} = 0 \quad \text{あるいは} \quad \left(x + \frac{df(p)}{dp}\right)\frac{dp}{dx} = 0$$

となる。

よって、この微分方程式の解は

$$x + \frac{df(p)}{dp} = 0 \qquad \frac{dp}{dx} = 0$$

を満足することになる。まず $\frac{dp}{dx} = 0$ のとき

$$p = C \quad (C: \text{定数})$$

となる。よって $y = px + f(p)$ と連立すると

$$y = Cx + f(C)$$

が一般解となる。つまり、最初に与えられた微分方程式において、ただ p を C に置き換えるだけで答えがえられる。これがクレローの方程式の特徴であり、面白い点でもある。

つぎに $x + \dfrac{df(p)}{dp} = 0$ のときは $f(p)$ のかたちによって解は異なる。ここでは

$$y = px + f(p) \quad \text{と} \quad x = -\dfrac{df(p)}{dp}$$

という関係にあるので、p を助変数とする解がえられることになる。例えば

$$f(p) = \dfrac{p^2}{2}$$

であれば

$$y = px + \dfrac{p^2}{2} \quad \text{と} \quad x = -\dfrac{df(p)}{dp} = -p$$

となり

$$y = (-x)x + \dfrac{(-x)^2}{2} = -\dfrac{x^2}{2}$$

という解がえられる。

この解は、任意定数を含まない特異解となる。

演習 4-5　つぎの 2 次の 1 階微分方程式を解法せよ。

$$\dfrac{2}{3}\left(\dfrac{dy}{dx}\right)^2 + x\dfrac{dy}{dx} - y = 0$$

解) $p = dy/dx$ と置くと

$$\frac{2}{3}p^2 + xp - y = 0$$

となる。これを変形すると

$$y = px + \frac{2}{3}p^2$$

となり、クレロー方程式であることがわかる。

よって、一般解は

$$y = Cx + \frac{2}{3}C^2$$

となる。

つぎに特異解は

$$x + \frac{df(p)}{dp} = x + \frac{4}{3}p = 0 \qquad p = -\frac{3}{4}x$$

であり

$$y = px + f(p) = px + \frac{2}{3}p^2$$

であるから

$$y = px + \frac{2}{3}p^2 = \left(-\frac{3}{4}x\right)x + \frac{2}{3}\left(-\frac{3}{4}x\right)^2 = -\frac{3}{4}x^2 + \frac{3}{8}x^2 = -\frac{3}{8}x^2$$

となる。

4.5. ラグランジェの微分方程式

高次の微分方程式が

第4章 1階高次微分方程式

$$y = xf\left(\frac{dy}{dx}\right) + g\left(\frac{dy}{dx}\right), \qquad f\left(\frac{dy}{dx}\right) \neq \frac{dy}{dx}$$

あるいは $dy/dx = p$ と置いて

$$y = xf(p) + g(p), \qquad f(p) \neq p$$

のかたちに変形できるとき、この微分方程式を**ラグランジェの微分方程式** (Lagrange's differential equation) と呼んでいる。$f(p) \neq p$ としているのは、$f(p) = p$ ならばクレローの微分方程式になるからである。

この方程式を解くために、両辺を x で微分してみよう。すると

$$\frac{dy}{dx} = p = f(p) + x\frac{df(p)}{dx} + \frac{dg(p)}{dx}$$

これを変形すると

$$p - f(p) = \left(x\frac{df(p)}{dp} + \frac{dg(p)}{dp}\right)\frac{dp}{dx}$$

となり

$$\frac{dx}{dp} = -\frac{x\dfrac{df(p)}{dp} + \dfrac{dg(p)}{dp}}{f(p) - p}$$

となる。さらに変形すると

$$\frac{dx}{dp} + \frac{df(p)/dp}{f(p) - p}x = -\frac{dg(p)/dp}{f(p) - p}$$

となって1次の微分方程式に還元できる。

後は適当な1階1次の微分方程式の解法手法を使って解けばよい。

演習4-6 つぎの微分方程式を解法せよ。

$$(x+1)\left(\frac{dy}{dx}\right)^2 - y = 0$$

解) $dy/dx = p$ と置くと

$$(x+1)p^2 - y = 0$$

変形して

$$y = xp^2 + p^2$$

となるのでラグランジェの微分方程式であることがわかる。両辺を x で微分すると

$$\frac{dy}{dx} = p = p^2 + 2xp\frac{dp}{dx} + 2p\frac{dp}{dx}$$

となる。整理すると

$$p - p^2 = 2p(x+1)\frac{dp}{dx}$$

まず $p = 0$ のときは特異解として $y = C_1$ がえられる。
$p = 1$ のときは

$$p = \frac{dy}{dx} = 1$$

から

$$y = x + C_2$$

をえる。
　つぎに $p \neq 0, 1$ のときは変数分離すると

$$\frac{dx}{x+1} = \frac{2p\,dp}{p - p^2} = -2\frac{dp}{p-1}$$

となり、両辺を積分して

$$\ln|x+1| = -2\ln|p-1| + C_3$$

から

$$(x+1)(p-1)^2 = \pm\exp(C_3) = A$$

がえられる。よって

$$x = \frac{A}{(p-1)^2} - 1$$

となる。ここで p を助変数とすれば、もとの微分方程式

$$(x+1)p^2 - y = 0 \quad \text{より} \quad y = (x+1)p^2$$

を利用すると

$$y = (x+1)p^2 = \left\{\frac{A}{(p-1)^2} - 1 + 1\right\}p^2 = A\left(\frac{p}{p-1}\right)^2$$

が一般解となる。ただし

$$x = \frac{A}{(p-1)^2} - 1$$

である。

　助変数を使った表記でもよいが、ここでは、もう少し頑張って p を消去して x と y の関係式を導き出してみよう。
　まず

$$(x+1)(p-1)^2 = (x+1)p^2 - 2(x+1)p + (x+1) = y - 2(x+1)p + (x+1) = A$$

これより

$$2(x+1)p = y + x + 1 - A$$

となる。両辺を 2 乗すると

$$4(x+1)^2 p^2 = (y + x + 1 - A)^2$$

再び $(x+1)p^2 = y$ を使うと

$$4(x+1)y = (y + x + 1 - A)^2$$

となって、あまり格好はよくないが、p を消去して、x と y の関係式を導くことができた。この結果を何かに利用する場合には、助変数を使った方が便利ではある。

演習 4-7　つぎの微分方程式を解法せよ。

$$y = (2p+1)x + \frac{1}{p+1}$$

第4章　1階高次微分方程式

解）　ラグランジェの微分方程式である。両辺を x に関して微分すると

$$\frac{dy}{dx} = p = 2\frac{dp}{dx}x + (2p+1) - \frac{1}{(p+1)^2}\frac{dp}{dx}$$

整理すると

$$-p-1 = \left(2x - \frac{1}{(p+1)^2}\right)\frac{dp}{dx}$$

よって

$$\frac{dx}{dp} + \frac{2}{p+1}x = \frac{1}{(p+1)^3}$$

となる。

1階の線形微分方程式であるから、まず同次方程式

$$\frac{dx}{dp} + \frac{2}{p+1}x = 0$$

の解を求める。変数分離して

$$\frac{dx}{x} = -\frac{2dp}{p+1}$$

両辺を積分して

$$\ln|x| = -2\ln|p+1| + C_1$$

よって

$$x(p+1)^2 = \pm\exp(C_1) = C_2 \quad \text{より} \quad x = \frac{C_2}{(p+1)^2}$$

が解としてえられる。ここで定数変化法を使う

$$x = \frac{C_2(p)}{(p+1)^2}$$

として非同次方程式 $\dfrac{dx}{dp}+\dfrac{2}{p+1}x=\dfrac{1}{(p+1)^3}$ に代入すると

$$\dfrac{1}{(p+1)^4}\left\{\dfrac{dC_2(p)}{dp}(p+1)^2-2C_2(p)(p+1)\right\}+\dfrac{2C_2(p)}{(p+1)^3}=\dfrac{1}{(p+1)^3}$$

となり、両辺に $(p+1)^2$ をかけると

$$\dfrac{dC_2(p)}{dp}-\dfrac{2C_2(p)}{p+1}+\dfrac{2C_2(p)}{p+1}=\dfrac{1}{p+1}$$

整理すると

$$\dfrac{dC_2(p)}{dp}=\dfrac{1}{p+1} \qquad dC_2(p)=\dfrac{dp}{p+1}$$

両辺を積分して

$$C_2(p)=\ln|p+1|+C_3$$

よって

$$x=\dfrac{\ln|p+1|}{(p+1)^2}+\dfrac{C_3}{(p+1)^2} \qquad (C_3: 任意定数)$$

が解としてえられる。
　もとの微分方程式

$$y=(2p+1)x+\dfrac{1}{p+1}$$

と連立すると

$$y=(2p+1)\dfrac{\ln|p+1|}{(p+1)^2}+(2p+1)\dfrac{C_3}{(p+1)^2}+\dfrac{1}{p+1}$$

第4章 1階高次微分方程式

となり整理すると

$$y = \frac{1}{(p+1)^2}\{(2p+1)(\ln|p+1|) + C_3(2p+1) + (p+1)\}$$

よって

$$x = \frac{\ln|p+1|}{(p+1)^2} + \frac{C_3}{(p+1)^2}$$

$$y = \frac{1}{(p+1)^2}\{(2p+1)(\ln|p+1|) + p(2C_3+1) + C_4\}$$

が p を助変数とした微分方程式の一般解となる。

第 5 章　2 階線形微分方程式

いままで取り扱ってきたのは、すべて**階数** (order) が 1 の微分方程式であったが、当然、階数の高い微分方程式も存在する。ここで

$$\frac{d^2 y}{dx^2} = f\left(x, y, \frac{dy}{dx}\right)$$

のようなかたちの方程式を 2 階微分方程式と呼ぶ。

ごく身近な物理現象の解析においても 2 階の微分方程式は頻繁に登場する。

例えば、物体の運動の解析において重要な速度 (v) や加速度 (a) は、距離を x、時間を t とおくと

$$v = \frac{dx}{dt} \qquad a = \frac{dv}{dt} = \frac{d^2 x}{dt^2}$$

と与えられる。ここで、ニュートンの運動方程式によれば、力 F は

$$F = ma = m\frac{d^2 x}{dt^2}$$

という関係式で与えられる。

ここで、物体に働く力 F が一定であるならば、この式がすでに一定の力のもとで運動する物体の微分方程式ということになる。これは、ご存じ等加速度運動である。

しかし、実際には常に力が一定というケースだけではない。例えば、バ

第 5 章　2 階線形微分方程式

ネにぶら下がった物体では、つりあい点からの距離に比例した力が働くことが知られている。この比例定数を k とおくと

$$F = -kx$$

であるから

$$m\frac{d^2x}{dt^2} = -kx \quad \text{あるいは} \quad m\frac{d^2x}{dt^2} + kx = 0$$

という微分方程式がえられることになる。これは、単振動と呼ばれる運動を記述する微分方程式である。

5.1.　線形微分方程式

　残念ながら多くの 2 階微分方程式は解法がとても難しく、解析的に解けない場合が多い。この中で、次のようなかたちをした微分方程式

$$\frac{d^2y}{dx^2} + A(x)\frac{dy}{dx} + B(x)y = C(x)$$

を線形微分方程式と呼んでいる。これは、従属変数に関する d^2y/dx^2, dy/dx, y の項がすべて 1 次（線形：linear）であるからである。
　線形微分方程式は、いろいろな手法で解法できることが知られている。しかも幸いなことに、多くの物理現象は 2 階線形微分方程式で表現できる。

演習 5-1　つぎの微分方程式が線形か非線形かどうかを判定せよ。

(1) $\dfrac{d^2y}{dx^2} + \dfrac{dy}{dx} + x\cos y = x^2$　　　(2) $\dfrac{d^2y}{dx^2} + x\dfrac{dy}{dx} + y\cos x = x^3$

(3) $\dfrac{d^2y}{dx^2} + (x^2+1)\dfrac{dy}{dx} + x^3 y = \sin x$　　(4) $\dfrac{d^2y}{dx^2} + \left(\dfrac{dy}{dx}\right)^2 + y = 0$

(5) $\dfrac{d^2y}{dx^2} + (x^2+y)\dfrac{dy}{dx} + x^3 y = 0$　　(6) $\dfrac{d^2y}{dx^2} + e^x \dfrac{dy}{dx} + y = 3x^3 + 4\tan x$

解) (1) cos$y$ の項を含んでおり、y の 1 次ではないので線形ではない。
(2) y に関する項はすべて 1 次であるので線形である。
(3) y に関する項はすべて 1 次であるので線形である。
(4) dy/dx の項が 2 次であるので線形ではない。
(5) $y(dy/dx)$ の項があるので線形ではない。
(6) y に関する項はすべて 1 次であるので線形である。

5.2. 同次線形微分方程式

2 階の線形微分方程式

$$\frac{d^2 y}{dx^2} + A(x)\frac{dy}{dx} + B(x)y = C(x)$$

において $C(x) = 0$ となるとき

$$\frac{d^2 y}{dx^2} + A(x)\frac{dy}{dx} + B(x)y = 0$$

を**同次微分方程式** (homogeneous differential equation) と呼んでいる。同次のかわりに**斉次**と呼ぶ場合もある[1]。少し長くなるが、正確には、この方程式は 2 階同次線形微分方程式 (homogenous linear differential equation of second order) に分類される。

ただし、同次方程式の場合でも、そう簡単に微分方程式の解法ができるわけではない。そこで、ここでは解法可能なものを紹介する。

5.2.1. 定係数の 2 階同次線形微分方程式

次の 2 階の同次線形微分方程式を考える。

---

[1] 斉次は次数が斉しい（ひとしい）という意味で同次と同じ意味である。

第5章　2階線形微分方程式

$$a\frac{d^2y}{dx^2}+b\frac{dy}{dx}+cy=0$$

この方程式では**係数** (coefficient) がすべて定数となっている。このような微分方程式を**定係数同次微分方程式** (homogeneous differential equation with constant coefficients) と呼んでいる。

この場合、方程式の解として

$$y=\exp(\lambda x)$$

のかたちのものが存在すると仮定する。

この微分方程式に $y=\exp(\lambda x)$ を代入してみよう。すると

$$a\lambda^2\exp(\lambda x)+b\lambda\exp(\lambda x)+c\exp(\lambda x)=(a\lambda^2+b\lambda+c)\exp(\lambda x)=0$$

となる。この式を満足するのは

$$a\lambda^2+b\lambda+c=0$$

である。この方程式を**特性方程式** (characteristic equation) と呼んでいる。特性方程式は、λ に関する一般的な 2 次方程式であるので、その解はよく知られているように

$$\lambda=\frac{-b\pm\sqrt{b^2-4ac}}{2a}$$

と与えられる。

よって、微分方程式の基本解としては

$$y = \exp\left(\frac{-b + \sqrt{b^2 - 4ac}}{2a} x\right) \qquad y = \exp\left(\frac{-b - \sqrt{b^2 - 4ac}}{2a} x\right)$$

の 2 つがえられる。線形微分方程式では、これらの線形和がすべて微分方程式の解となるから (7 章参照)、一般解として

$$y = C_1 \exp\left(\frac{-b + \sqrt{b^2 - 4ac}}{2a} x\right) + C_2 \exp\left(\frac{-b - \sqrt{b^2 - 4ac}}{2a} x\right)$$

がえられる。ここで C_1, C_2 は任意の定数である。

このように、指数関数を使うと、簡単に定係数の 2 階同次線形微分方程式の解法が可能となる。このトリックは、指数関数の導関数がそれ自身になるという性質に拠っている。つまり

$$\frac{de^{\lambda x}}{dx} = \lambda e^x \qquad \frac{d^2 \lambda e^x}{dx^2} = \lambda^2 e^x$$

の関係が成立するからである。この結果、2 階の微分方程式を普通の 2 次方程式に還元することが可能となる。

演習 5-2　　次の微分方程式を解法せよ。

$$\frac{d^2 y}{dx^2} - 5\frac{dy}{dx} + 6y = 0$$

解)　　方程式の解として

第 5 章　2 階線形微分方程式

$$y = \exp(\lambda x)$$

を仮定する。

微分方程式に $y = \exp(\lambda x)$ を代入すると

$$\lambda^2 \exp(\lambda x) - 5\lambda \exp(\lambda x) + 6\exp(\lambda x) = 0$$
$$\exp(\lambda x)(\lambda^2 - 5\lambda + 6) = 0$$

となる。よって

$$\lambda^2 - 5\lambda + 6 = 0$$

が特性方程式となる。この方程式の解は

$$(\lambda - 2)(\lambda - 3) = 0 \quad \text{より} \quad \lambda = 2, \lambda = 3$$

となる。よって一般解は

$$y = C_1 \exp(2x) + C_2 \exp(3x) \quad (C_1, C_2: \text{定数})$$

となる。

このように一般解には任意定数が入るが、適当な条件を与えると定数項を決定することもできる。例えば、いまの演習の場合でも、初期条件として $x = 0$ のとき $y = 4$ という条件を与えると

$$4 = C_1 \exp 0 + C_2 \exp 0 = C_1 + C_2$$

という関係から

$$y = C_1 \exp(2x) + (4 - C_1)\exp(3x)$$

となる。さらに、もうひとつの初期条件として $x = 0$ のとき $dy/dx = 0$ という条件を与えると

$$\frac{dy}{dx} = 2C_1 \exp(2x) + 3(4 - C_1)\exp(3x)$$

において $x = 0$ を代入し

$$2C_1 + 3(4 - C_1) = 12 - C_1 = 0 \quad \text{より} \quad C_1 = 12$$

がえられる。よって

$$y = 12\exp(2x) - 8\exp(3x)$$

のように任意定数のない解、すなわち**特殊解** (particular solution)[2] がえられる。

5.2.2. 特性方程式の解が虚数の場合

2階の同次線形微分方程式の特性方程式

$$a\lambda^2 + b\lambda + c = 0$$

の解

$$\lambda = \frac{-b \pm \sqrt{b^2 - 4ac}}{2a}$$

において、判別式が

---

[2] particular の和訳には確かに「特殊な」もあるが、この場合には、むしろ一般解の中の「ある決まった」あるいは「特定の」解という意味の方が正しい。

第5章　2階線形微分方程式

$$b^2 - 4ac < 0$$

のように負の場合は、解に虚数が含まれることになる。

　例として、振り子の**単振動** (simple harmonic motion) に関する微分方程式を考えてみよう。y を変位、x を時間とし、振り子の質量を m、ばね定数を k とすると、単振動の方程式は

$$m\frac{d^2 y}{dx^2} + ky = 0$$

となる。これは、定係数の2階同次線形微分方程式である。

　$a = m, b = 0, c = k$ であるから、判別式は

$$b^2 - 4ac = 0 - 4mk = -4mk$$

となるが、m も k も正であるから、判別式は負となり、その解は虚数を含んだものとなる[3]。

　このときの一般解は

$$y = A\exp\left(i\sqrt{\frac{k}{m}}x\right) + B\exp\left(-i\sqrt{\frac{k}{m}}x\right)$$

となる。このように、虚数 i の入った解がえられる。このままでも良いが、少し変形を加えてみよう。

　ここで、$\omega^2 = k/m$ と置くと

---

[3] 物理現象としては、指数関数の指数が実数の場合は振動が大きくなるか、あるいは減衰するかの2通りしかないので、あまり興味ある対象とはならない。これに対し、指数に虚数を含む場合は、繰り返し振動に対応する。量子力学ではミクロ粒子の運動は定常状態では減衰することがないので、虚数を伴った指数関数の方が重要となる。（『なるほど虚数』（海鳴社）参照）

$$y = A\exp(i\omega x) + B\exp(-i\omega x)$$

と変形できる。ここで、オイラーの公式

$$\exp(\pm ix) = \cos x \pm i \sin x$$

を使って、この式を実数部と虚数部に分けると

$$y = A(\cos\omega x + i\sin\omega x) + B(\cos\omega x - i\sin\omega x) = (A+B)\cos\omega x + i(A-B)\sin\omega x$$

となり、実数成分と虚数成分を取り出すと

$$\mathrm{Re}(y) = (A+B)\cos\omega x \qquad \mathrm{Im}(y) = (A-B)\sin\omega x$$

がえられる。これらをもとの微分方程式に代入すれば、両方とも**解** (solution) であることがわかる。

このように、2階の同次線形微分方程式において、特性方程式に虚数解がえられる場合には、それぞれの解の実数部がもとの微分方程式の解となる。

演習 5-3　次の微分方程式を解法せよ。

$$\frac{d^2 y}{dx^2} + 4\frac{dy}{dx} + 8y = 0$$

解)　この微分方程式の特性方程式は

$$\lambda^2 + 4\lambda + 8 = 0$$

であり

第 5 章　2 階線形微分方程式

$$\lambda = \frac{-4 \pm \sqrt{4^2 - 4 \cdot 8}}{2} = \frac{-4 \pm \sqrt{-16}}{2} = \frac{-4 \pm 4i}{2} = -2 \pm 2i$$

よって、一般解は

$$y = A\exp(-2 + 2i)x + B\exp(-2 - 2i)x$$

で与えられる。これをオイラーの公式

$$\exp(\pm ikx) = \cos kx \pm i \sin kx$$

を利用して、えられた解を実数部と虚数部に分けると

$$\begin{aligned} y &= A\exp(-2x) \cdot \exp(i2x) + B\exp(-2x) \cdot \exp(-i2x) \\ &= A\exp(-2x)(\cos 2x + i\sin 2x) + B\exp(-2x)(\cos 2x - i\sin 2x) \\ &= (A + B)\exp(-2x)\cos 2x + i(A - B)\exp(-2x)\sin 2x \end{aligned}$$

となる。よって、実数部と虚数部はそれぞれ

$$\text{Re}(y) = (A + B)\exp(-2x)\cos 2x \qquad \text{Im}(y) = (A - B)\exp(-2x)\sin 2x$$

となり、表記の微分方程式の解は

$$y = C_1 \exp(-2x)\cos 2x + C_2 \exp(-2x)\sin 2x$$

となる。

ここで、実数部と虚数部を最初の微分方程式に代入してみよう。
まず $y = C_1 \exp(-2x)\cos 2x$ の場合

$$\frac{dy}{dx} = -2C_1 \exp(-2x)\cos 2x - 2C_1 \exp(-2x)\sin 2x = -2C_1 \exp(-2x)(\sin 2x + \cos 2x)$$

$$\frac{d^2y}{dx^2} = 4C_1 \exp(-2x)(\sin 2x + \cos 2x) - 4C_1 \exp(-2x)(\cos 2x - \sin 2x)$$
$$= 8C_1 \exp(-2x)\sin 2x$$

であるから、微分方程式の左辺に代入すると

$$\frac{d^2y}{dx^2} + 4\frac{dy}{dx} + 8y$$
$$= 8C_1 \exp(-2x)\sin 2x - 8C_1 \exp(-2x)(\sin 2x + \cos 2x) + 8C_1 \exp(-2x)\cos 2x = 0$$

となって微分方程式の解であることが確かめられる。
　つぎに $y = C_2 \exp(-2x)\sin 2x$ の場合

$$\frac{dy}{dx} = -2C_2 \exp(-2x)\sin 2x + 2C_2 \exp(-2x)\cos 2x$$
$$= 2C_2 \exp(-2x)(-\sin 2x + \cos 2x)$$
$$\frac{d^2y}{dx^2} = -4C_2 \exp(-2x)(-\sin 2x + \cos 2x) + 4C_2 \exp(-2x)(-\cos 2x - \sin 2x)$$
$$= -8C_2 \exp(-2x)\cos 2x$$

微分方程式の左辺に代入すると

$$\frac{d^2y}{dx^2} + 4\frac{dy}{dx} + 8y = -8C_2 \exp(-2x)\cos 2x + 8C_2 \exp(-2x)(-\sin 2x + \cos 2x)$$
$$+ 8C_2 \exp(-2x)\sin 2x = 0$$

となって、こちらも微分方程式の解であることが確かめられる。
　このように、特性方程式の解に虚数が含まれる場合には、その実部と虚部の実数部分がもとの微分方程式の解となるのである。

第 5 章　2 階線形微分方程式

5.2.3.　特性方程式が重解を持つ場合

2 階の定係数同次線形微分方程式

$$a\frac{d^2y}{dx^2} + b\frac{dy}{dx} + cy = 0$$

の特性方程式

$$a\lambda^2 + b\lambda + c = 0$$

において

$$b^2 - 4ac = 0$$

の場合、特性方程式は

$$\lambda = -\frac{b}{2a}$$

という重解 (multiple root) を持つ。よって

$$y = C_1 \exp\left(-\frac{b}{2a}x\right)$$

という解しかえられない。2 階の微分方程式であるから、これとは独立の解が存在するはずである。よって、それを求める必要がある。

　ここで、定数変化法を用いて、その解を探ってみよう。つまり、解として

$$y = C_1(x)\exp\left(-\frac{b}{2a}x\right)$$

のように、定数 C_1 が x の関数であると置きなおす。すると

$$\frac{dy}{dx} = \frac{dC_1(x)}{dx}\exp\left(-\frac{b}{2a}x\right) - \frac{b}{2a}C_1(x)\exp\left(-\frac{b}{2a}x\right)$$

$$\frac{d^2y}{dx^2} = \frac{d^2C_1(x)}{dx^2}\exp\left(-\frac{b}{2a}x\right) - \left(\frac{b}{a}\right)\frac{dC_1(x)}{dx}\exp\left(-\frac{b}{2a}x\right) + \left(\frac{b}{2a}\right)^2 C_1(x)\exp\left(-\frac{b}{2a}x\right)$$

となるので、微分方程式に代入すると

$$a\frac{d^2C_1(x)}{dx^2}\exp\left(-\frac{b}{2a}x\right) - b\frac{dC_1(x)}{dx}\exp\left(-\frac{b}{2a}x\right) + \frac{b^2}{4a}C_1(x)\exp\left(-\frac{b}{2a}x\right)$$

$$+ b\frac{dC_1(x)}{dx}\exp\left(-\frac{b}{2a}x\right) - \frac{b^2}{2a}C_1(x)\exp\left(-\frac{b}{2a}x\right) + cC_1(x)\exp\left(-\frac{b}{2a}x\right) = 0$$

となる。整理すると

$$a\frac{d^2C_1(x)}{dx^2}\exp\left(-\frac{b}{2a}x\right) + \left(\frac{b^2}{4a} - \frac{b^2}{2a} + c\right)C_1(x)\exp\left(-\frac{b}{2a}x\right) = 0$$

ところで

$$b^2 - 4ac = 0$$

であるから

$$a\frac{d^2C_1(x)}{dx^2}\exp\left(-\frac{b}{2a}x\right) = 0$$

となり、結局

$$\frac{d^2C_1(x)}{dx^2} = 0$$

より

$$C_1(x) = C_2 x + C_3 \qquad (C_2, C_3: 任意定数)$$

よって

$$y = (C_2 x + C_3)\exp\left(-\frac{b}{2a}x\right)$$

となる。ところで、この解は、先ほど求めた解を含んでいるうえ、任意定数を2個含んでいるので、表記の微分方程式の一般解となる。

演習 5-4 つぎの微分方程式を解法せよ。

$$\frac{d^2 y}{dx^2} - 2\frac{dy}{dx} + y = 0$$

解) 特性方程式は

$$\lambda^2 - 2\lambda + 1 = 0$$

となり

$$(\lambda - 1)^2 = 0 \quad \text{より} \quad \lambda = 1$$

となる。よって

$$y = C_1 \exp(x)$$

が解となる。ここで

$$y = C_1(x)\exp(x)$$

と置くと

$$\frac{dy}{dx} = \frac{dC_1(x)}{dx}\exp(x) + C_1(x)\exp(x)$$

$$\frac{d^2 y}{dx^2} = \frac{d^2 C_1(x)}{dx^2}\exp(x) + 2\frac{dC_1(x)}{dx}\exp(x) + C_1(x)\exp(x)$$

となり、もとの微分方程式に代入すると

$$\frac{d^2 C_1(x)}{dx^2}\exp(x) + 2\frac{dC_1(x)}{dx}\exp(x) + C_1(x)\exp(x)$$
$$-2\frac{dC_1(x)}{dx}\exp(x) - 2C_1(x)\exp(x) + C_1(x)\exp(x) = 0$$

整理すると

$$\frac{d^2 C_1(x)}{dx^2} = 0$$

となり

$$C_1(x) = C_2 x + C_3$$

となるので、一般解としては

$$y = (C_2 x + C_3)\exp(x)$$

がえられる。

5.3. 非同次方程式

2階線形微分方程式

$$\frac{d^2 y}{dx^2} + A(x)\frac{dy}{dx} + B(x)y = C(x)$$

において $C(x) \neq 0$ のとき、この微分方程式は**非同次** (inhomogeneous) であるという。非同次の線形微分方程式は簡単に解くことができないが、1階微分方程式で紹介したように同次方程式の解を利用して解法することも可能である。それを、まず説明しよう。

第5章　2階線形微分方程式

5.3.1. 定数変化法

2階の非同次線形微分方程式

$$\frac{d^2y}{dx^2} + A(x)\frac{dy}{dx} + B(x)y = C(x)$$

に対応した同次方程式

$$\frac{d^2y}{dx^2} + A(x)\frac{dy}{dx} + B(x)y = 0$$

の解を

$$y = C_1 f(x) + C_2 g(x)$$

としよう。ただし、C_1, C_2 は定数である。

　1階の非同次線形微分方程式の場合と同様に考える。微分方程式の値が0ではなく関数 $C(x)$ になるのは、この解に余分な関数がかかっているためと仮定し、非同次方程式の解を

$$y = C_1(x) f(x) + C_2(x) g(x)$$

のように、定数項が実は x の関数であると仮定する。このため、この手法を**定数変化法** (method of variation of constant) と呼んでいる。

　このような解を仮定したうえで、微分方程式に代入して $C_1(x), C_2(x)$ を求めればよいのであるが、定数が1個の場合でも結構苦労をしたので、定数項が2個もあるとなると、その解法は相当大変そうである。

　ここは、がまんしてそのまま正攻法で望んでみよう。まず dy/dx を計算してみる。すると

$$\frac{dy}{dx} = \frac{dC_1(x)}{dx}f(x) + C_1(x)\frac{df(x)}{dx} + \frac{dC_2(x)}{dx}g(x) + C_2(x)\frac{dg(x)}{dx}$$

となる。続けて d^2y/dx^2 を計算すればよいのであるが、それでは項の数がやたらと増えてしまう。また、求めたい関数 $C_1(x), C_2(x)$ の2階の項が出てきたのでは、元の木阿弥であるから、次のような仮定をする。

$$\frac{dC_1(x)}{dx}f(x) + \frac{dC_2(x)}{dx}g(x) = 0$$

こうすると、2階微分をとったときに、これら未知関数の2階導関数が現れない。すなわち

$$\frac{dy}{dx} = C_1(x)\frac{df(x)}{dx} + C_2(x)\frac{dg(x)}{dx}$$

となるので2階導関数は

$$\frac{d^2y}{dx^2} = \frac{dC_1(x)}{dx}\frac{df(x)}{dx} + C_1(x)\frac{d^2f(x)}{dx^2} + \frac{dC_2(x)}{dx}\frac{dg(x)}{dx} + C_2(x)\frac{d^2g(x)}{dx^2}$$

と与えられる。これらを微分方程式

$$\frac{d^2y}{dx^2} + A(x)\frac{dy}{dx} + B(x)y = C(x)$$

に代入すると

$$\frac{dC_1(x)}{dx}\frac{df(x)}{dx} + C_1(x)\frac{d^2f(x)}{dx^2} + \frac{dC_2(x)}{dx}\frac{dg(x)}{dx} + C_2(x)\frac{d^2g(x)}{dx^2}$$
$$+ A(x)C_1(x)\frac{df(x)}{dx} + A(x)C_2(x)\frac{dg(x)}{dx} + B(x)C_1(x)f(x) + B(x)C_2(x)g(x) = C(x)$$

となる。
　ここで、$f(x)$ および $g(x)$ が同次方程式

第5章　2階線形微分方程式

$$\frac{d^2y}{dx^2} + A(x)\frac{dy}{dx} + B(x)y = 0$$

の解であることを利用して、整理すると

$$\frac{dC_1(x)}{dx}\frac{df(x)}{dx} + \frac{dC_2(x)}{dx}\frac{dg(x)}{dx} = C(x)$$

となる。結局、この微分方程式と、先ほど課した条件である

$$\frac{dC_1(x)}{dx}f(x) + \frac{dC_2(x)}{dx}g(x) = 0$$

を連立して、$C_1(x), C_2(x)$ を求めれば、非同次方程式の解がえられることになる。

それでは、実際の非同次の線形微分方程式で、定数変化法を利用して解を求めてみよう。

$$\frac{d^2y}{dx^2} - 4\frac{dy}{dx} + 4y - x\exp(2x)$$

という非同次の2階線形微分方程式を解法してみる。

まず、対応した同次方程式は

$$\frac{d^2y}{dx^2} - 4\frac{dy}{dx} + 4y = 0$$

である。この特性方程式は

$$\lambda^2 - 4\lambda + 4 = (\lambda - 2)^2 = 0$$

となって、λ = 2 の重解を持つので、その一般解は

$$y = C_1 \exp(2x) + C_2 x \exp(2x)$$

と与えられる。ここで、これら定数を x の関数とみなすと

$$y = C_1(x)\exp(2x) + C_2(x) x \exp(2x)$$

が非同次方程式の解となる。まず、最初の条件として

$$\frac{dC_1(x)}{dx}\exp(2x) + \frac{dC_2(x)}{dx} x \exp(2x) = 0$$

が与えられる。つぎに

$$\frac{dC_1(x)}{dx}\frac{d(\exp(2x))}{dx} + \frac{dC_2(x)}{dx}\frac{d(x\exp(2x))}{dx} = x\exp(2x)$$

これを計算すると

$$2\frac{dC_1(x)}{dx}\exp(2x) + \frac{dC_2(x)}{dx}(\exp(2x) + 2x\exp(2x)) = x\exp(2x)$$

この式から、最初の条件に 2 を乗じたものを引くと

$$\frac{dC_2(x)}{dx}\exp(2x) = x\exp(2x)$$

となり

$$\frac{dC_2(x)}{dx} = x$$

第5章　2階線形微分方程式

となるので

$$C_2(x) = \frac{x^2}{2} + C_3$$

と与えられる。これを、条件

$$\frac{dC_1(x)}{dx}\exp(2x) + \frac{dC_2(x)}{dx}x\exp(2x) = 0$$

に代入すると

$$\frac{dC_1(x)}{dx}\exp(2x) + x^2\exp(2x) = 0$$

よって

$$\frac{dC_1(x)}{dx} = -x^2$$

より

$$C_1(x) = -\frac{x^3}{3} + C_4$$

となり求める解は

$$y = \left(-\frac{x^3}{3} + C_4\right)\exp(2x) + \left(\frac{x^2}{2} + C_3\right)x\exp(2x)$$

となり、整理すると

$$y = \frac{x^3}{6}\exp(2x) + C_4\exp(2x) + C_3 x\exp(2x)$$

が一般解となる。

演習 5-5　つぎの微分方程式の一般解を求めよ。

$$\frac{d^2y}{dx^2} + 4\frac{dy}{dx} + 3y = 3\exp(2x)$$

解）　表記の非同次微分方程式に対応した同次微分方程式の特性方程式は

$$\lambda^2 + 4\lambda + 3 = (\lambda+1)(\lambda+3) = 0$$

となって、$\lambda = -1, \lambda = -3$ の解を持つので、その一般解は

$$y = C_1 \exp(-x) + C_2 \exp(-3x)$$

と与えられる。ここで、これら定数が x の関数とみなすと

$$y = C_1(x)\exp(-x) + C_2(x)\exp(-3x)$$

が非同次方程式の解となる。まず、最初の条件として

$$\frac{dC_1(x)}{dx}\exp(-x) + \frac{dC_2(x)}{dx}\exp(-3x) = 0$$

が与えられる。つぎに

$$\frac{dC_1(x)}{dx}\frac{d(\exp(-x))}{dx} + \frac{dC_2(x)}{dx}\frac{d(\exp(-3x))}{dx} = 3\exp(2x)$$

これを計算すると

第5章　2階線形微分方程式

$$-\frac{dC_1(x)}{dx}\exp(-x) - 3\frac{dC_2(x)}{dx}\exp(-3x) = 3\exp(2x)$$

この式に最初の条件に3を乗じたものを足すと

$$2\frac{dC_1(x)}{dx}\exp(-x) = 3\exp(2x)$$

となり

$$\frac{dC_1(x)}{dx} = \frac{3}{2}\exp(3x)$$

となるので

$$C_1(x) = \frac{1}{2}\exp(3x) + C_3$$

と与えられる。
　これを、条件

$$\frac{dC_1(x)}{dx}\exp(-x) + \frac{dC_2(x)}{dx}\exp(-3x) = 0$$

に代入すると

$$\frac{3}{2}\exp(2x) + \frac{dC_2(x)}{dx}\exp(-3x) = 0$$

よって

$$\frac{dC_2(x)}{dx} = -\frac{3}{2}\exp(5x)$$

より

$$C_2(x) = -\frac{3}{10}\exp(5x) + C_4$$

となり求める解は

$$y = \left(\frac{1}{2}\exp(3x) + C_3\right)\exp(-x) + \left(-\frac{3}{10}\exp(5x) + C_4\right)\exp(-3x)$$

となり、整理すると

$$y = C_3 \exp(-x) + C_4 \exp(-3x) + \frac{1}{5}\exp(2x)$$

が一般解となる。

5.3.2. 未定係数法

2階の非同次線形微分方程式

$$\frac{d^2 y}{dx^2} + A(x)\frac{dy}{dx} + B(x)y = C(x)$$

の解法として定数変化法を紹介したが、この方法には欠点がある。それは $C(x)$ のかたちによっては、その解法が非常に難しくなるという点である。前項で紹介した演習では、$C(x)$ として exp の入った関数の場合を取り扱った。それは、その場合に定数変化法が有効であるからである。この他、$C(x)$ として $\sin x$ や $\cos x$ が入っている場合には有効である。それは、これら関数の高次の微分が簡単なためである。

　ここで、$C(x)$ が x に関するべき級数である場合に有効な解法として代入法と呼ばれる手法がある。それを紹介しよう。いま微分方程式として

$$\frac{d^2 y}{dx^2} + A\frac{dy}{dx} + By = a_0 + a_1 x + a_2 x^2 + a_3 x^3$$

というかたちを考えてみよう。ただし、A および B は定数とする。すると、これを満足する多項式としては

$$y = b_0 + b_1 x + b_2 x^2 + b_3 x^3$$

のかたちをした解が考えられる。すると

$$\frac{dy}{dx} = b_1 + 2b_2 x + 3b_3 x^2 \quad \text{および} \quad \frac{d^2 y}{dx^2} = 2b_2 + 6b_3 x$$

となる。これらをもとの微分方程式に代入すると

$$(2b_2 + 6b_3 x) + A(b_1 + 2b_2 x + 3b_3 x^2) + B(b_0 + b_1 x + b_2 x^2 + b_3 x^3) = a_0 + a_1 x + a_2 x^2 + a_3 x^3$$

となる。左辺を整理すると

$$(Bb_0 + Ab_1 + 2b_2) + (Bb_1 + 2Ab_2 + 6b_3)x + (Bb_2 + 3Ab_3)x^2 + Bb_3 x^3$$
$$= a_0 + a_1 x + a_2 x^2 + a_3 x^3$$

となる。よって、両辺の x の次数が同じ係数を比較することにより、求める解の未定であった係数 (b_0, b_1, b_2, b_3) の値が求められることになる。このため、この手法を**未定係数法** (method of undermined coefficients) と呼んでいる。

いまの場合、3次の項の場合を紹介したが、一般の n 次の多項式の場合にも全く同様の扱いをすることができる。

この手法を実際の例で確かめてみよう。

$$\frac{d^2 y}{dx^2} + \frac{dy}{dx} + y = x^2$$

右辺の x の最高次数が 2 であるから、この方程式の解を

$$y = b_0 + b_1 x + b_2 x^2$$

と仮定すると

$$\frac{dy}{dx} = b_1 + 2b_2 x \quad \text{および} \quad \frac{d^2 y}{dx^2} = 2b_2$$

となる。微分方程式に代入すると

$$2b_2 + (b_1 + 2b_2 x) + b_0 + b_1 x + b_2 x^2 = x^2$$

となり、整理すると

$$(b_0 + b_1 + 2b_2) + (b_1 + 2b_2)x + b_2 x^2 = x^2$$

両辺の x の次数が同じ項の係数を比較すると

$$b_0 + b_1 + 2b_2 = 0 \qquad b_1 + 2b_2 = 0 \qquad b_2 = 1$$

となり、結局、解の係数は

$$b_0 = 0 \qquad b_1 = -2 \qquad b_2 = 1$$

となる。よって、解は

$$y = -2x + x^2$$

と与えられる。ただし、これは、**特殊解** (particular solution) である。一般解を求めるには、表記の微分方程式に対応した同次方程式の解を求め、その解に未定係数法で求めた特殊解を加える必要がある。

演習 5-6　つぎの微分方程式の一般解を求めよ。

$$\frac{d^2 y}{dx^2} + 3y = x^3 - 1$$

第 5 章　2 階線形微分方程式

解）　この非同次方程式に対応した同次方程式の特性方程式は

$$\lambda^2 + 3 = 0$$

であるから $\lambda = \pm\sqrt{3}i$ であるので、その一般解は

$$y = C_1 \exp(i\sqrt{3}x) + C_2 \exp(-i\sqrt{3}x)$$

となる。
　つぎに表記の非同次方程式の特殊解を

$$y = b_0 + b_1 x + b_2 x^2 + b_3 x^3$$

と仮定する。すると

$$\frac{dy}{dx} = b_1 + 2b_2 x + 3b_3 x^2 \qquad \frac{d^2 y}{dx^2} = 2b_2 + 6b_3 x$$

となる。微分方程式に代入すると

$$(2b_2 + 6b_3 x) + 3(b_0 + b_1 x + b_2 x^2 + b_3 x^3) = -1 + x^3$$

整理すると

$$(3b_0 + 2b_2) + (3b_1 + 6b_3)x + 3b_2 x^2 + 3b_3 x^3 = -1 + x^3$$

となる。両辺の x の次数の同じ項の係数を比較すると

$$3b_0 + 2b_2 = -1 \qquad 3b_1 + 6b_3 = 0 \qquad 3b_2 = 0 \qquad 3b_3 = 1$$

よって

$$b_3 = \frac{1}{3} \qquad b_2 = 0 \qquad b_1 = -\frac{2}{3} \qquad b_0 = -\frac{1}{3}$$

となり、求める特殊解は

$$y = -\frac{1}{3} - \frac{2}{3}x + \frac{1}{3}x^3$$

となり、一般解は

$$y = C_1 \exp(i\sqrt{3}x) + C_2 \exp(-i\sqrt{3}x) - \frac{1}{3} - \frac{2}{3}x + \frac{1}{3}x^3$$

と与えられる。

　実は未定係数法を紹介するときに、冒頭で示した微分方程式は

$$\frac{d^2y}{dx^2} + A\frac{dy}{dx} + By = a_0 + a_1 x + a_2 x^2 + a_3 x^3$$

というかたちをしていたが、この手法は

$$\frac{d^2y}{dx^2} + A\frac{dy}{dx} + By = a_0 + a_1 x + a_2 x^2 + a_3 x^3 + ... + a_{n-1} x^{n-1} + a_n x^n$$

のように一般式として n 次多項式の場合にも拡張できる。また、定係数の微分方程式としては

第5章 2階線形微分方程式

$$a\frac{d^2y}{dx^2} + b\frac{dy}{dx} + cy = a_0 + a_1x + a_2x^2 + a_3x^3 + ... + a_{n-1}x^{n-1} + a_nx^n$$

の左辺のような表記もされるが、両辺を a で割れば、上の微分方程式と同じかたちになるので、ここでは $a=1$ のかたちを採用している。

それでは、未定係数法の応用として、次の微分方程式の解法を考えてみよう。

$$\frac{d^2y}{dx^2} + A\frac{dy}{dx} + By = (a_0 + a_1x + a_2x^2 + a_3x^3)\exp(kx)$$

この場合 $\exp(kx)$ は何度微分しても $\exp(kx)$ の項がそのまま残ることを考えて、この方程式の解として

$$y = (b_0 + b_1x + b_2x^2 + b_3x^3)\exp(kx)$$

を仮定してみる。すると

$$\frac{dy}{dx} = (b_1 + 2b_2x + 3b_3x^2)\exp(kx) + k(b_0 + b_1x + b_2x^2 + b_3x^3)\exp(kx)$$

となり、すべての項に $\exp(kx)$ の項がついている。同様にして2階導関数の場合にも、すべての項に $\exp(kx)$ がつく。結局、未定係数の多項式が残り、その係数を決めれば解がえられることになる。

実際の微分方程式で確かめてみよう。

$$\frac{d^2y}{dx^2} - 3\frac{dy}{dx} + 2y = (1+x)\exp(3x)$$

ここでは特殊解のみを求める。

$$y = (b_0 + b_1x)\exp(3x)$$

149

が解であると仮定する。すると

$$\frac{dy}{dx} = b_1 \exp(3x) + 3(b_0 + b_1 x)\exp(3x) = (3b_0 + b_1 + 3b_1 x)\exp(3x)$$

$$\frac{d^2y}{dx^2} = 3b_1 \exp(3x) + 3(3b_0 + b_1 + 3b_1 x)\exp(3x) = (9b_0 + 6b_1 + 9b_1 x)\exp(3x)$$

ここで、すべての項に共通因子として $\exp(3x)$ がついているので、表記の微分方程式に代入して、この因子を除くと

$$(9b_0 + 6b_1 + 9b_1 x) - 3(3b_0 + b_1 + 3b_1 x) + 2(b_0 + b_1 x) = 1 + x$$

さらに整理すると

$$2b_0 + 3b_1 + 2b_1 x = 1 + x$$

となり、両辺を比較して

$$b_1 = \frac{1}{2} \qquad b_0 = -\frac{1}{4}$$

がえられ、特殊解として

$$y = \left(-\frac{1}{4} + \frac{1}{2}x\right)\exp(3x)$$

が与えられる。

演習 5-7 つぎの微分方程式の一般解を求めよ。

$$\frac{d^2y}{dx^2} - 4\frac{dy}{dx} + 4y = (1 + x + x^2)\exp(3x)$$

第5章　2階線形微分方程式

解） 非同次の2階線形微分方程式である。そこで、まず同次方程式

$$\frac{d^2y}{dx^2} - 4\frac{dy}{dx} + 4y = 0$$

の解を求める。すると、特性方程式は

$$\lambda^2 - 4\lambda + 4 = (\lambda - 2)^2 = 0$$

となって重解となるので、一般解は

$$y = C_1 \exp(2x) + C_2 x \exp(2x)$$

となる。つぎに特殊解を求める。非同次項から、特殊解として

$$y = (b_0 + b_1 x + b_2 x^2)\exp(3x)$$

というかたちの解が考えられる。すると

$$\frac{dy}{dx} = (b_1 + 2b_2 x)\exp(3x) + 3(b_0 + b_1 x + b_2 x^2)\exp(3x)$$

$$= \left[(3b_0 + b_1) + (3b_1 + 2b_2)x + 3b_2 x^2\right]\exp(3x)$$

$$\frac{d^2y}{dx^2} = \left[(3b_1 + 2b_2) + 6b_2 x\right]\exp(3x) + 3\left[(3b_0 + b_1) + (3b_1 + 2b_2)x + 3b_2 x^2\right]\exp(3x)$$

$$= \left[(9b_0 + 6b_1 + 2b_2) + (9b_1 + 12b_2)x + 9b_2 x^2\right]\exp(3x)$$

となるから、もとの微分方程式に代入してexp(3x)の因子を除くと

$$\left[(9b_0+6b_1+2b_2)+(9b_1+12b_2)x+9b_2x^2\right]-4\left[(3b_0+b_1)+(3b_1+2b_2)x+3b_2x^2\right]$$
$$+4(b_0+b_1x+b_2x^2)=1+x+x^2$$

という関係がえられる。左辺を x の次数で整理すると

$$(b_0+2b_1+2b_2)+(b_1+4b_2)x+b_2x^2=1+x+x^2$$

がえられ、同次項の比較から、各係数の値として

$$b_2=1 \qquad b_1=-3 \qquad b_0=5$$

がえられる。

よって特殊解は

$$y=(5-3x+x^2)\exp(3x)$$

となり、微分方程式の一般解は

$$y=C_1\exp(2x)+C_2x\exp(2x)+(5-3x+x^2)\exp(3x)$$

となる。

いまの場合も

$$\frac{d^2y}{dx^2}+A\frac{dy}{dx}+By=(a_0+a_1x+a_2x^2+a_3x^3)\exp(kx)$$

という3次の多項式で示したが、同様の手法が

第5章　2階線形微分方程式

$$\frac{d^2y}{dx^2} + A\frac{dy}{dx} + By = (a_0 + a_1 x + a_2 x^2 + a_3 x^3 + ... + a_{n-1} x^{n-1} + a_n x^n)\exp(kx)$$

という一般の n 次多項式にも適用できることは自明であろう。

それでは、つぎに非同次項に $\sin x$ あるいは $\cos x$ が因子としてかかっている場合の解法について紹介しよう。この場合には、オイラーの公式

$$\exp(ikx) = \cos kx + i\sin kx$$

を利用する。まず微分方程式としては

$$\frac{d^2y}{dx^2} + a\frac{dy}{dx} + by = (a_0 + a_1 x + a_2 x^2 + a_3 x^3)\cos kx$$

$$\frac{d^2y}{dx^2} + a\frac{dy}{dx} + by = (a_0 + a_1 x + a_2 x^2 + a_3 x^3)\sin kx$$

を例として考えてみよう。このとき

$$\frac{d^2y}{dx^2} + a\frac{dy}{dx} + by = (a_0 + a_1 x + a_2 x^2 + a_3 x^3)\exp(ikx)$$

という微分方程式を考える。実は、この微分方程式の実部は $\cos kx$ の方の微分方程式の解となり、虚部は $\sin kx$ の方の微分方程式の解となる。これを利用することで、表記の微分方程式の解がえられる。

具体例で確かめてみよう。

$$\frac{d^2y}{dx^2} + \frac{dy}{dx} + y = x\sin x$$

という微分方程式を解くときに

$$\frac{d^2y}{dx^2} + \frac{dy}{dx} + y = x\exp(ix)$$

という非同次の 2 階線形微分方程式を考える。まず、対応する同次方程式の特性方程式は

$$\lambda^2 + \lambda + 1 = 0 \quad \text{となり} \quad \lambda = \frac{-1 \pm \sqrt{1-4}}{2} = \frac{-1 \pm \sqrt{3}i}{2}$$

という解を持つので、同次方程式の一般解は

$$y = C_1 \exp\left(\frac{-1+\sqrt{3}i}{2}x\right) + C_2 \exp\left(\frac{-1-\sqrt{3}i}{2}x\right)$$

と与えられる。つぎに非同次方程式の特殊解として

$$y = (b_0 + b_1 x)\exp(ix)$$

というかたちを仮定すると

$$\frac{dy}{dx} = b_1 \exp(ix) + i(b_0 + b_1 x)\exp(ix) = (b_1 + ib_0)\exp(ix) + ib_1 x \exp(ix)$$

$$\frac{d^2y}{dx^2} = i(b_1 + ib_0)\exp(ix) + ib_1 \exp(ix) - b_1 x \exp(ix) = (-b_0 + 2ib_1)\exp(ix) - b_1 x \exp(ix)$$

となる。これを非同次方程式に代入すると

$$(-b_0 + 2ib_1)\exp(ix) - b_1 x \exp(ix) + (b_1 + ib_0)\exp(ix) + ib_1 x \exp(ix) + (b_0 + b_1 x)\exp(ix)$$
$$= x \exp(ix)$$

となり、両辺を $\exp(ix)$ で除すと

第5章 2階線形微分方程式

$$(-b_0 + 2ib_1) - b_1 x + (b_1 + ib_0) + ib_1 x + (b_0 + b_1 x) = x$$

整理すると

$$(ib_0 + 2ib_1 + b_1) + ib_1 x = x$$

となる。両辺を比較すると

$$b_1 = \frac{1}{i} = \frac{-i^2}{i} = -i \qquad b_0 = \frac{2i+1}{-i} b_1 = 2i+1$$

となるので、特殊解は

$$y = \left(2i + 1 - ix\right) \exp(ix)$$

と与えられる。よって一般解は

$$y = C_1 \exp\left(\frac{-1+\sqrt{3}i}{2} x\right) + C_2 \exp\left(\frac{-1-\sqrt{3}i}{2} x\right) + \left(2i+1-ix\right)\exp(ix)$$

いま求める解は、この虚数部である。オイラーの公式を利用して、この式を実数部と虚数部に分けてみよう。すると

$$y = C_1 \exp\left(\frac{1}{2} x\right) \left\{\cos\left(\frac{\sqrt{3}}{2} x\right) + i\sin\left(\frac{\sqrt{3}}{2} x\right)\right\}$$

$$+ C_2 \exp\left(-\frac{1}{2} x\right) \left\{\cos\left(\frac{\sqrt{3}}{2} x\right) - i\sin\left(\frac{\sqrt{3}}{2} x\right)\right\} + (2i+1-ix)(\cos x + i\sin x)$$

ここから虚数部を取り出すと

$$\mathrm{Im}[y] = C_1 \exp\left(-\frac{1}{2}x\right)\left\{\sin\left(\frac{\sqrt{3}}{2}x\right)\right\} - C_2 \exp\left(-\frac{1}{2}x\right)\left\{\sin\left(\frac{\sqrt{3}}{2}x\right)\right\}$$
$$+(2-x)\cos x + \sin x$$

となる。整理をすると

$$y = C_3 \exp\left(-\frac{1}{2}x\right)\left\{\sin\left(\frac{\sqrt{3}}{2}x\right)\right\} + (2-x)\cos x + \sin x$$

が一般解となる。
　この場合は

$$\frac{d^2 y}{dx^2} + \frac{dy}{dx} + y = x\cos x$$

という微分方程式の解も同時にえられる。先ほどの複素数解の実数部がこの方程式の解となる。

$$\mathrm{Re}[y] = C_1 \exp\left(-\frac{1}{2}x\right)\left\{\cos\left(\frac{\sqrt{3}}{2}x\right)\right\} + C_2 \exp\left(-\frac{1}{2}x\right)\left\{\cos\left(\frac{\sqrt{3}}{2}x\right)\right\}$$
$$+\left(\cos x - (2-x)\sin x\right)$$

整理すると、微分方程式の解は

$$y = C_4 \exp\left(-\frac{1}{2}x\right)\left\{\cos\left(\frac{\sqrt{3}}{2}x\right)\right\} + \left(\cos x - (2-x)\sin x\right)$$

となる。

第6章　解法可能な高階微分方程式

一般に階数の高い微分方程式を解くのは困難な場合が多いが、ある種の高階微分方程式では、適当な変換によって階数を下げることができ、そのおかげで方程式を解くことができるものがある。本章では、そのような高階微分方程式を紹介する。

もっとも簡単な例は

$$\frac{d^n y}{dx^n} = f(x)$$

のように n 階の導関数が x のみの関数で与えられている場合である。この場合

$$\frac{d^{n-1} y}{dx^{n-1}} = \int f(x)dx + C_1$$

$$\frac{d^{n-2} y}{dx^{n-2}} = \int \left(\int f(x)dx + C_1 \right) dx = \int \left(\int f(x)dx \right) dx + C_1 x + C_2$$

のように、右辺を x に関して積分していけば、左辺の導関数の階数がどんどん下がっていくので、いずれは解がえられる。手間がかかるだけのことである。

6.1. 高階導関数が従属関数のみの関数

n 階導関数が従属変数 y のみの関数のかたちをした微分方程式

$$\frac{d^n y}{dx^n} = f(y)$$

は n が 3 以上の場合には、解析的には解けない。つまり、解析的に解けるのは 2 階までである。$n=1$ の場合は簡単な変数分離形であるので、ここでは $n=2$ の場合、つまり、次のかたちをした 2 階微分方程式

$$\frac{d^2 y}{dx^2} = f(y)$$

について考えてみよう。

まず

$$\frac{d}{dx}\left(\frac{dy}{dx}\right)^2 = 2\frac{dy}{dx}\frac{d^2 y}{dx^2}$$

であることを利用する。もとの微分方程式の両辺に dy/dx をかけると

$$\frac{dy}{dx}\frac{d^2 y}{dx^2} = f(y)\frac{dy}{dx}$$

となり、変形すると

$$\frac{d}{dx}\left(\frac{dy}{dx}\right)^2 = 2f(y)\frac{dy}{dx}$$

両辺を積分すると

$$\left(\frac{dy}{dx}\right)^2 = 2\int f(y)dy + C_1 \qquad (C_1: 定数)$$

となり

$$\frac{dy}{dx} = \pm\sqrt{2\int f(y)dy + C_1}$$

という 1 階の微分方程式となる。これを積分すれば解がえられる。

第 6 章　解法可能な高階微分方程式

演習 6-1　つぎの 2 階微分方程式を解法せよ。

$$\frac{d^2 y}{dx^2} = y + 1$$

解)　両辺に dy/dx をかけて積分すると

$$\left(\frac{dy}{dx}\right)^2 = 2\int(y+1)dy + C_1 = y^2 + 2y + C_1 \qquad (C_1. 定数)$$

となる。よって

$$\frac{dy}{dx} = \pm(y^2 + 2y + C_1)^{\frac{1}{2}}$$

から

$$(y^2 + 2y + C_1)^{-\frac{1}{2}} dy = \pm dx$$

両辺を積分すると

$$\int (y^2 + 2y + C_1)^{-\frac{1}{2}} dy = \pm \int dx$$

よって

$$\log\left\{(y^2 + 2y + C_1)^{\frac{1}{2}} + y + 1\right\} = \pm x + C_2$$

が解としてえられる。

6.2.　階数が異なる導関数の組み合わせ

$$\frac{d^n y}{dx^n} = f\left(\frac{d^{n-1} y}{dx^{n-1}}\right)$$

というかたちをした微分方程式では

$$\frac{d^{n-1}y}{dx^{n-1}} = z$$

と置くと

$$\frac{dz}{dx} = f(z)$$

という変数分離形の1階の微分方程式になるので、z を x の関数として解くことができる。すると

$$\frac{d^{n-1}y}{dx^{n-1}} = z = g(x)$$

というかたちになるので、順次右辺を積分することで、微分方程式の解をえることができる。

演習 6-2　つぎの微分方程式を解法せよ。

$$\frac{d^3y}{dx^3} = \frac{d^2y}{dx^2} + 1$$

解)　$d^2y/dx^2 = z$ と置くと、表記の微分方程式は

$$\frac{dz}{dx} = z + 1 \qquad \frac{dz}{z+1} = dx$$

となる。積分すると

$$\int \frac{dz}{z+1} = \int dx \qquad \ln|z+1| = x + C_1$$

よって

$$z + 1 = \pm \exp(x + C_1) = A \exp x$$

ただし、C_1 と A は定数で $A = \pm \exp C_1$ という関係にある。したがって

$$z = \frac{d^2 y}{dx^2} = A \exp x - 1$$

となるので

$$\frac{dy}{dx} = \int (A \exp x - 1) dx = A \exp x - x + C_2$$

さらに積分すると

$$y = A \exp x - \frac{x^2}{2} + C_2 x + C_3 \qquad (C_2, C_3: \text{定数})$$

が一般解となる。

6.3. y の項を含まない高階微分方程式

n 階の微分方程式が

$$f\left(x, \frac{dy}{dx}, \frac{d^2 y}{dx^2}, \ldots, \frac{d^n y}{dx^n}\right) = 0$$

のように y を含まないとき

$$\frac{dy}{dx} = p$$

と置くと

$$f\left(x, p, \frac{dp}{dx}, \ \cdots \ , \frac{d^{n-1}p}{dx^{n-1}}\right) = 0$$

のように p に関する $n-1$ 階の微分方程式となる。この微分方程式を解くことができれば p が x の関数として与えられ、1 階の微分方程式に還元できる。具体例でみてみよう。

$$(1+x^2)\frac{d^2y}{dx^2} + \left(\frac{dy}{dx}\right)^2 + 1 = 0$$

という 2 階の微分方程式を考える。$\frac{dy}{dx} = p$ と置くと

$$(1+x^2)\frac{dp}{dx} + p^2 + 1 = 0$$

これは変数分離形であり

$$\frac{dp}{1+p^2} = -\frac{dx}{1+x^2}$$

積分すると

$$\tan^{-1} p = -\tan^{-1} x + C_1 \qquad (C_1: \text{定数})$$

となる。これを p について解くと

$$p = \tan(-\tan^{-1} x + C_1)$$

第6章　解法可能な高階微分方程式

ここで、加法定理の公式

$$\tan(A-B) = \frac{\tan A - \tan B}{1 + \tan A \tan B}$$

を使うと

$$p = \tan(C_1 - \tan^{-1} x) = \frac{\tan C_1 - \tan(\tan^{-1} x)}{1 + \tan C_1 \tan(\tan^{-1} x)} = \frac{\tan C_1 - x}{1 + x \tan C_1}$$

となり、

$$\tan C_1 = 1/A$$

と置くと

$$p = \frac{dy}{dx} = \frac{\tan C_1 - x}{1 + x \tan C_1} = \frac{(1/A) - x}{1 + (x/A)} = \frac{1 - Ax}{x + A}$$

となる。
　両辺を積分して

$$y = \int \frac{1 - Ax}{x + A} dx + C_2 \qquad (C_2: 定数)$$

となる。
　さらに $t = x + A$ と置くと $dx = dt$ であるから

$$\int \frac{1 - Ax}{x + A} dx = \int \frac{\{1 - A(t - A)\} dt}{t} = \int \frac{1 + A^2}{t} dt - \int A dt$$
$$= (1 + A^2) \ln|t| - At + C_3 \qquad (C_3: 定数)$$

よって、一般解は

$$y = (1 + A^2) \ln|x + A| - A(x + A) + C_3 = (1 + A^2) \ln|x + A| - Ax + C_4$$

163

(A, C_4: 定数）となる。

演習 6-3 つぎの微分方程式を解法せよ。

$$2\frac{d^2y}{dx^2} - \left(\frac{dy}{dx}\right)^2 + 4 = 0$$

解） $dy/dx = p$ と置くと

$$2\frac{dp}{dx} - p^2 + 4 = 0$$

となり

$$\frac{2dp}{p^2 - 4} = dx$$

のように変数分離形となる。左辺を

$$\frac{dp}{p-2} - \frac{dp}{p+2} = 2dx$$

のように変形して積分すると

$$\ln|p-2| - \ln|p+2| = 2x + C_1$$

となり

$$\ln\left|\frac{p-2}{p+2}\right| = 2x + C_1 \qquad \frac{p-2}{p+2} = \pm \exp C_1 \exp(2x) = A\exp(2x)$$

となる。これを p について解くと

$$p = \frac{2(1+A\exp(2x))}{1-A\exp(2x)}$$

となる。よって

$$\frac{dy}{dx} = \frac{2(1+A\exp(2x))}{1-A\exp(2x)}$$

ここで右辺を

$$\frac{dy}{dx} = 2\left(1 + \frac{2A\exp(2x)}{1-A\exp(2x)}\right)$$

と変形し、$A\exp(2x) = t$ と置いて、積分すると

$$\int \frac{2A\exp(2x)}{1-A\exp(2x)} dx = \int \frac{dt}{1-t} = \ln|1-t| = \ln|1-A\exp(2x)|$$

よって、一般解として

$$y = 2x + 2\ln|1-A\exp(2x)| + C_2$$

がえられる。

6.4. 独立変数を含まない高階微分方程式

n 階の微分方程式が

$$f\left(y, \frac{dy}{dx}, \frac{d^2y}{dx^2}, \ldots, \frac{d^n y}{dx^n}\right) = 0$$

のように x の項を含まないとき

と置くと
$$\frac{dy}{dx} = p$$

$$\frac{d^2y}{dx^2} = \frac{dp}{dx} = \frac{dp}{dy}\frac{dy}{dx} = \frac{dp}{dy}p$$
$$\frac{d^3y}{dx^3} = \frac{d}{dx}\left(\frac{d^2y}{dx^2}\right) = \frac{d}{dx}\left(p\frac{dp}{dy}\right) = \frac{d}{dy}\left(p\frac{dp}{dy}\right)\frac{dy}{dx} = p\frac{d}{dy}\left(p\frac{dp}{dy}\right)$$

となり
$$f\left(y, p, p\frac{dp}{dy}, p\frac{d}{dy}\left(p\frac{dp}{dy}\right), \ldots \right) = 0$$

となって、$n-1$ 階の微分方程式となる。この微分方程式を解くことができれば p が y の関数として与えられ、1 階の微分方程式に還元できる。具体例でみてみよう。

$$(2-y)\frac{d^2y}{dx^2} - \left(\frac{dy}{dx}\right)^2 - 1 = 0$$

という 2 階の微分方程式を考える。$\frac{dy}{dx} = p$, $\frac{d^2y}{dx^2} = p\frac{dp}{dy}$ と置くと

$$(2-y)p\frac{dp}{dy} - p^2 - 1 = 0$$

これは変数分離形であり

$$\frac{pdp}{1+p^2} = \frac{dy}{2-y}$$

積分すると

第 6 章　解法可能な高階微分方程式

$$\frac{1}{2}\ln\left|1+p^2\right| = -\ln|2-y| + C_1 \qquad (C_1: 定数)$$

となる。よって

$$(1+p^2)^{\frac{1}{2}}(2-y) = C_2 \qquad (C_2: 定数;\ C_2 = \pm\exp C_1)$$

となる。p について解くと

$$p = \pm\sqrt{\left(\frac{C_2}{2-y}\right)^2 - 1}$$

となる。ここで

$$\frac{dx}{dy} = \frac{1}{p} = \pm\sqrt{\frac{(2-y)^2}{C_2^2 - (2-y)^2}}$$

であるから

$$x = \int \pm\sqrt{\frac{(2-y)^2}{C_2^2 - (2-y)^2}}\,dy + C_3 \qquad (C_3: 定数)$$

となる。
　さらに $2-y = C_2\sin\theta$ と置くと

$$-dy = C_2\cos\theta\,d\theta$$

であるから

$$x = \pm\int\sqrt{\frac{C_2^2\sin^2\theta}{C_2^2 - C_2^2\sin^2\theta}}(-C_2\cos\theta\,d\theta) + C_3 = \pm\int C_2\sin\theta\,d\theta + C_3$$

となる。よって θ を助変数として

$$\begin{cases} y = -C_2 \sin\theta + 2 \\ x = \pm C_2 \cos\theta + C_4 \end{cases}$$

が一般解となる（C_4：定数）。

演習 6-4 つぎの微分方程式を解法せよ。

$$\frac{d^2y}{dx^2} - \left(\frac{dy}{dx}\right)^3 - \frac{dy}{dx} = 0$$

解） $\dfrac{dy}{dx} = p$, $\dfrac{d^2y}{dx^2} = p\dfrac{dp}{dy}$ の置き換えを行えば

$$p\frac{dp}{dy} - p^3 - p = 0$$

となり

$$p\left(\frac{dp}{dy} - (p^2 + 1)\right) = 0$$

のように変形できる。よって

$$p = 0 \quad \text{あるいは} \quad \frac{dp}{dy} = p^2 + 1$$

となる。$p = 0$ のときは $y = C_1$ となる。

第6章　解法可能な高階微分方程式

つぎに $\dfrac{dp}{dy} = p^2 + 1$ のとき

$$\frac{dp}{p^2+1} = dy$$

と変形して積分すると

$$\tan^{-1} p = y + C_2 \quad \text{より} \quad p = \frac{dy}{dx} = \tan(y+C_2)$$

となり

$$\frac{dy}{\tan(y+C_2)} = \frac{\cos(y+C_2)}{\sin(y+C_2)} dy = dx$$

ここで $\sin(y+C_2) = t$ とおくと

$$\int \frac{\cos(y+C_2)}{\sin(y+C_2)} dy = \int \frac{dt}{t} = \ln|t| = \ln|\sin(y+C_2)|$$

であるから

$$\ln|\sin(y+C_2)| = x + C_3 \qquad \sin(y+C_2) = \pm\exp(C_3)\exp x = A\exp x$$

となり、結局

$$y = \sin^{-1}(A\exp x) - C_2$$

が一般解となる。

ここで、$p = 0$ のとき、解 $y = C_1$ は、一般解において $A = 0$ と置いたときの特殊解であることがわかる。

6.5. 指数関数を利用する方法

指数関数の導関数にはつぎの性質がある。

$$\frac{d(\exp(mt))}{dt} = m\exp(mt) \qquad \frac{d^2(\exp(mt))}{dt^2} = m^2\exp(mt)$$

この性質を利用することで微分方程式を簡単化することが可能となる。例として、つぎの微分方程式を考えてみよう。

$$xy\frac{d^2y}{dx^2} + x\left(\frac{dy}{dx}\right)^2 + y\frac{dy}{dx} = 0$$

ここで、次のような変数変換を行ってみる。

$$x = \exp t \qquad y = z\exp(mt)$$

ただし、t が独立変数、z が従属変数で m は定数である。(これは、$y = zx^m$ と置いたことになる。)

すると

$$\frac{dy}{dx} = \frac{dy}{dt}\frac{dt}{dx} = \left(\frac{dz}{dt}\exp(mt) + mz\exp(mt)\right)\exp(-t) = \frac{dz}{dt}\exp((m-1)t) + mz\exp((m-1)t)$$

$$= \left(\frac{dz}{dt} + mz\right)\exp[(m-1)t]$$

$$\frac{d^2y}{dx^2} = \frac{d}{dx}\left(\frac{dy}{dx}\right) = \frac{d}{dt}\left(\frac{dy}{dx}\right)\frac{dt}{dx}$$

$$= \left\{\left(\frac{d^2z}{dt^2} + m\frac{dz}{dt}\right)\exp[(m-1)t] + (m-1)\left(\frac{dz}{dt} + mz\right)\exp[(m-1)t]\right\}\exp(-t)$$

$$= \left(\frac{d^2z}{dt^2} + (2m-1)\frac{dz}{dt} + m(m-1)z\right)\exp[(m-2)t]$$

第6章　解法可能な高階微分方程式

となる。これを、もとの微分方程式のそれぞれの項に代入してみよう。すると

第1項は

$$\exp(t)z\exp(mt)\left(\frac{d^2z}{dt^2}+(2m-1)\frac{dz}{dt}+m(m-1)z\right)\exp[(m-2)t]$$
$$=\left(z\frac{d^2z}{dt^2}+(2m-1)z\frac{dz}{dt}+m(m-1)z^2\right)\exp[(2m-1)t]$$

第2項は

$$\exp(t)\left\{\left(\frac{dz}{dt}+mz\right)\exp[(m-1)t]\right\}^2=\left\{\left(\frac{dz}{dt}\right)^2+2mz\frac{dz}{dt}+m^2z^2\right\}\exp[(2m-1)t]$$

第3項は

$$z\exp(mt)\left\{\left(\frac{dz}{dt}+mz\right)\exp[(m-1)t]\right\}=\left(z\frac{dz}{dt}+mz^2\right)\exp[(2m-1)t]$$

となって、すべての項に因子として $\exp[(2m-1)t]$ がかかっている。そこで、この因子を除くと微分方程式は

$$\left(z\frac{d^2z}{dt^2}+(2m-1)z\frac{dz}{dt}+m(m-1)z^2\right)+\left\{\left(\frac{dz}{dt}\right)^2+2mz\frac{dz}{dt}+m^2z^2\right\}+z\frac{dz}{dt}+mz^2=0$$

となる。この場合 m は任意であるから 0 と置くと

$$z\frac{d^2z}{dt^2}+\left(\frac{dz}{dt}\right)^2=0$$

となるが、$m=0$ ならば $y=z$ となるので

$$y\frac{d^2y}{dt^2} + \left(\frac{dy}{dt}\right)^2 = 0$$

これは、独立変数 t を含まない微分方程式であるから $\dfrac{dy}{dt}=p$、$\dfrac{d^2y}{dt^2}=p\dfrac{dp}{dy}$ という置き換えを行うと

$$yp\frac{dp}{dy}+p^2=0 \qquad p\left(y\frac{dp}{dy}+p\right)=0$$

となる。よって

$$p=0 \quad あるいは \quad y\frac{dp}{dy}+p=0$$

が解を与える。

$p=0$ のときは $y=C_1$ (C_1: 定数) が解となる。

つぎに $y\dfrac{dp}{dy}+p=0$ のとき、変数分離形となり

$$\frac{dp}{p}=-\frac{dy}{y} \quad より、積分すると \quad \ln|p|=-\ln|y|+C_2 \quad (C_2: 定数)$$

となって

$$py=\exp(C_2)=A \quad より \quad p=\frac{dy}{dt}=\frac{A}{y}$$

となり

$$ydy=Adt$$

第6章 解法可能な高階微分方程式

積分すると

$$\frac{1}{2}y^2 = At + C_3 \quad (C_3: 定数)$$

となり $x = \exp(t)$ であったから

$$\frac{1}{2}y^2 = A\ln x + C_3 \quad (C_3: 定数)$$

が一般解となる。

最後の一般解のかたちからわかるように、$p = 0$ のときの $y = C_1$ は、一般解において定数 $A = 0$ としたときの特殊解であることがわかる。

演習 6-5 つぎの微分方程式の一般解を求めよ。

$$x\frac{d^2y}{dx^2} - 2xy\frac{dy}{dx} - 2y^2 + 2\frac{dy}{dx} = 0$$

解） $x = \exp(t)$, $y = z\exp(mt)$ と置いてみよう。これは、$y = zx^m$ と置いたことになる。そのうえで、微分方程式に代入したときの exp の中が同じかたちになるように（つまり x のべきがすべて同じとなるように）m を決める。

第1項は $1+(m-2) = m-1$、第2項は $1 + m + (m-1) = 2m$、第3項は $2m$、第4項は $m-1$ となる。よって、これらがすべて一致するのは $m = -1$ のときである。したがって

$$y = z\exp(-t)$$

と置く。（これは、$y = z/x$ と置いたことに対応している。）ここで、先ほど

求めた dy/dx および d^2y/dx^2 に $m=-1$ を代入すると

$$\frac{dy}{dx} = \left(\frac{dz}{dt} - z\right)\exp(-2t)$$

$$\frac{d^2y}{dx^2} = \left(\frac{d^2z}{dt^2} - 3\frac{dz}{dt} + 2z\right)\exp(-3t)$$

となるから、もとの微分方程式に代入すると

$$x\frac{d^2y}{dx^2} - 2xy\frac{dy}{dx} - 2y^2 + 2\frac{dy}{dx} = \left(\frac{d^2z}{dt^2} - 3\frac{dz}{dt} + 2z\right)\exp(-2t)$$

$$- 2z\left(\frac{dz}{dt} - z\right)\exp(-2t) - 2z^2\exp(-2t) + 2\left(\frac{dz}{dt} - z\right)\exp(-2t)$$

したがって

$$\left(\frac{d^2z}{dt^2} - 3\frac{dz}{dt} + 2z\right) - 2z\left(\frac{dz}{dt} - z\right) - 2z^2 + 2\left(\frac{dz}{dt} - z\right) = 0$$

整理すると

$$\frac{d^2z}{dt^2} - (2z+1)\frac{dz}{dt} = 0$$

となる。ここで $\frac{dz}{dt} = p$ と置くと

$$\frac{dp}{dt} - (2z+1)p = 0$$

であるが、$dt = dz/p$ を代入すると

第6章　解法可能な高階微分方程式

$$p\frac{dp}{dz} - (2z+1)p = 0 \qquad p\left\{\frac{dp}{dz} - (2z+1)\right\} = 0$$

となる。よって微分方程式の解としては

$$p = 0 \quad \text{あるいは} \quad \frac{dp}{dz} = 2z+1$$

となる。
　$p = 0$ のとき

$$\frac{dz}{dt} = 0 \quad \text{より} \quad z = C_1$$

となり

$$xy = C_1 \quad \text{から} \quad y = \frac{C_1}{x}$$

が解としてえられる。実際に、表記の微分方程式に $y=1/x$ を代入すると、解となることが確かめられる。
　つぎに $\frac{dp}{dz} = 2z+1$ のとき

$$p = z^2 + z + C_2$$

となる。よって

$$\frac{dz}{dt} = z^2 + z + C_2$$

となり、変数分離すると

$$\frac{dz}{z^2 + z + C_2} = dt$$

175

となる。これが積分できるように分母を変換すると

$$\frac{dz}{\left(z+\frac{1}{2}\right)^2 + \left(C_2 - \frac{1}{4}\right)} = dt$$

よって

$$\int \frac{dz}{(z+1/2)^2 + (C_2 - 1/4)} = t + C_3$$

となる。ここで、左辺の積分は積分公式

$$\int \frac{dx}{x^2 + a^2} = \frac{1}{a}\tan^{-1}\frac{x}{a} \quad \text{および} \quad \int \frac{dx}{x^2 - a^2} = \frac{1}{2a}\ln\left|\frac{x-a}{x+a}\right|$$

を利用すれば解くことができる。

$C_2 - \frac{1}{4} > 0$ のときは左の公式を利用して

$$t + C_3 = \frac{1}{\sqrt{C_2 - 1/4}}\tan^{-1}\frac{z + 1/2}{\sqrt{C_2 - 1/4}}$$

$C_2 - \frac{1}{4} < 0$ のときは右の公式を利用して

$$t + C_3 = \frac{1}{2\sqrt{1/4 - C_2}}\ln\left|\frac{z + 1/2 - \sqrt{1/4 - C_2}}{z + 1/2 + \sqrt{1/4 - C_2}}\right|$$

となる。

第 6 章　解法可能な高階微分方程式

$C_2 = \dfrac{1}{4}$ のときは

$$t + C_3 = \int \frac{dz}{(z+1/2)^2}$$

よって

$$t + C_4 = -\frac{1}{(z+1/2)}$$

これら t を助変数として、それぞれ x, y の関係を求めることができる。

6.6.　完全微分方程式

完全微分方程式については 1 階の微分方程式で詳しく説明したが、高階の微分方程式においても、同様の手法が使える。

ここでは、一般の教科書とは逆のルートで考えてみよう。

$$\left(\frac{dy}{dx}\right)^2 - x^2 y^2 = C$$

という微分方程式を考える。この両辺を x で微分すると

$$2\frac{dy}{dx}\frac{d^2 y}{dx^2} - 2xy^2 - 2x^2 y \frac{dy}{dx} = 0$$

あるいは整理して

$$\frac{dy}{dx}\frac{d^2 y}{dx^2} - x^2 y \frac{dy}{dx} - xy^2 = 0$$

という新たな微分方程式ができる。つまり、このような微分方程式が与えられたときに、左辺が

$$\left(\frac{dy}{dx}\right)^2 - x^2 y^2$$

という関数の全微分であるということがわかれば

$$d\left\{\left(\frac{dy}{dx}\right)^2 - x^2 y^2\right\} = 0$$

と変形できるので、ただちに

$$\left(\frac{dy}{dx}\right)^2 - x^2 y^2 = C$$

という簡単な微分方程式に還元できるのである。

　この解法のポイントは、与えられた微分方程式が、ある微分方程式の完全微分になっているかどうかを見極められるかどうかにかかっている。

　そこで、どのような場合に完全微分になるのかという条件を探ってみよう。簡単のために3階の線形微分方程式を考える。一般式

$$a_3(x)\frac{d^3 y}{dx^3} + a_2(x)\frac{d^2 y}{dx^2} + a_1(x)\frac{dy}{dx} + a_0(x)y = C$$

を微分すると

$$\frac{da_3(x)}{dx}\frac{d^3 y}{dx^3} + a_3(x)\frac{d^4 y}{dx^4} + \frac{da_2(x)}{dx}\frac{d^2 y}{dx^2}$$
$$+ a_2(x)\frac{d^3 y}{dx^3} + \frac{da_1(x)}{dx}\frac{dy}{dx} + a_1(x)\frac{d^2 y}{dx^2} + \frac{da_0(x)}{dx}y + a_0(x)\frac{dy}{dx} = 0$$

まとめると

第6章 解法可能な高階微分方程式

$$a_3(x)\frac{d^4y}{dx^4} + \left\{\frac{da_3(x)}{dx} + a_2(x)\right\}\frac{d^3y}{dx^3} + \left\{\frac{da_2(x)}{dx} + a_1(x)\right\}\frac{d^2y}{dx^2}$$
$$+ \left\{\frac{da_1(x)}{dx} + a_0(x)\right\}\frac{dy}{dx} + \frac{da_0(x)}{dx}y = 0$$

となる。ここで4階の微分方程式の一般式を

$$b_4(x)\frac{d^4y}{dx^4} + b_3(x)\frac{d^3y}{dx^3} + b_2(x)\frac{d^2y}{dx^2} + b_1(x)\frac{dy}{dx} + b_0(x)y = 0$$

とすると、各係数間の関係は

$$b_4(x) = a_3(x)$$
$$b_3(x) = \frac{da_3(x)}{dx} + a_2(x)$$
$$b_2(x) = \frac{da_2(x)}{dx} + a_1(x)$$
$$b_1(x) = \frac{da_1(x)}{dx} + a_0(x)$$
$$b_0(x) = \frac{da_0(x)}{dx}$$

となる。いま、われわれが欲しい情報は、4階の微分方程式の係数に関する情報であるから、この条件から3階の微分方程式の係数を消去してみよう。
　すると

$$b_3(x) = \frac{da_3(x)}{dx} + a_2(x) = \frac{db_4(x)}{dx} + a_2(x) \quad より \quad a_2(x) = b_3(x) - \frac{db_4(x)}{dx}$$

これを $b_2(x)$ の式に代入すると

$$b_2(x) = \frac{da_2(x)}{dx} + a_1(x) = \frac{d}{dx}\left(b_3(x) - \frac{db_4(x)}{dx}\right) + a_1(x) = \frac{db_3(x)}{dx} - \frac{d^2b_4(x)}{dx^2} + a_1(x)$$

よって

$$a_1(x) = b_2(x) - \frac{db_3(x)}{dx} + \frac{d^2b_4(x)}{dx^2}$$

これを $b_1(x)$ に代入すると

$$b_1(x) = \frac{da_1(x)}{dx} + a_0(x) = \frac{db_2(x)}{dx} - \frac{d^2b_3(x)}{dx^2} + \frac{d^3b_4(x)}{dx^3} + a_0(x)$$

となり

$$a_0(x) = b_1(x) - \frac{db_2(x)}{dx} + \frac{d^2b_3(x)}{dx^2} - \frac{d^3b_4(x)}{dx^3}$$

これを $b_0(x)$ に代入すると

$$b_0(x) = \frac{da_0(x)}{dx} = \frac{db_1(x)}{dx} - \frac{d^2b_2(x)}{dx^2} + \frac{d^3b_3(x)}{dx^3} - \frac{d^4b_4(x)}{dx^4}$$

となり、求める条件は

$$b_0(x) - \frac{db_1(x)}{dx} + \frac{d^2b_2(x)}{dx^2} - \frac{d^3b_3(x)}{dx^3} + \frac{d^4b_4(x)}{dx^4} = 0$$

となる。これが4階の線形微分方程式が完全微分となるための条件である。同様にして3階の場合には

第6章 解法可能な高階微分方程式

$$b_0(x) - \frac{db_1(x)}{dx} + \frac{d^2b_2(x)}{dx^2} - \frac{d^3b_3(x)}{dx^3} = 0$$

2階の場合には

$$b_0(x) - \frac{db_1(x)}{dx} + \frac{d^2b_2(x)}{dx^2} = 0$$

となる。

演習6-6 つぎの微分方程式を解法せよ。

$$x\frac{d^3y}{dx^3} + (x^2 + x + 3)\frac{d^2y}{dx^2} + (4x + 2)\frac{dy}{dx} + 2y = 0$$

解) 与えられた微分方程式を一般式

$$b_3(x)\frac{d^3y}{dx^3} + b_2(x)\frac{d^2y}{dx^2} + b_1(x)\frac{dy}{dx} + b_0(x)y = 0$$

と比較すると、各係数は

$$b_3(x) = x \qquad b_2(x) = x^2 + x + 3 \qquad b_1(x) = 4x + 2 \qquad b_0(x) = 2$$

となる。全微分となる条件を確かめると

$$b_0(x) - \frac{db_1(x)}{dx} + \frac{d^2b_2(x)}{dx^2} - \frac{d^3b_3(x)}{dx^3} = 2 - 4 + 2 - 0 = 0$$

となり、全微分形であることがわかる。このとき、積分した方程式の一般

式を

$$a_2(x)\frac{d^2y}{dx^2} + a_1(x)\frac{dy}{dx} + a_0(x)y = C_1$$

としたとき、係数間には

$$b_3(x) = a_2(x)$$
$$b_2(x) = \frac{da_2(x)}{dx} + a_1(x)$$
$$b_1(x) = \frac{da_1(x)}{dx} + a_0(x)$$
$$b_0(x) = \frac{da_0(x)}{dx}$$

という関係が成立するので

$$a_2(x) = b_3(x) = x$$
$$a_1(x) = b_2(x) - \frac{da_2(x)}{dx} = x^2 + x + 3 - 1 = x^2 + x + 2$$
$$a_0(x) = b_1(x) - \frac{da_1(x)}{dx} = 4x + 2 - (2x+1) = 2x+1$$

となり、与えられた方程式は

$$x\frac{d^2y}{dx^2} + (x^2+x+2)\frac{dy}{dx} + (2x+1)y = C_1$$

の全微分であることがわかる。
　それでは、この左辺について再びチェックしてみよう。一般式を

第6章 解法可能な高階微分方程式

$$b_2(x)\frac{d^2y}{dx^2}+b_1(x)\frac{dy}{dx}+b_0(x)y=0$$

とすると

$$b_2(x)=x \qquad b_1(x)=x^2+x+2 \qquad b_0(x)=2x+1$$

全微分方程式となる条件を確かめると

$$b_0(x)-\frac{db_1(x)}{dx}+\frac{d^2b_2(x)}{dx^2}=2x+1-(2x+1)-0=0$$

となり、全微分となることがわかる。このとき、左辺を積分した一般式を

$$a_1(x)\frac{dy}{dx}+a_0(x)y$$

としたとき、係数間には

$$b_2(x)=a_1(x)$$
$$b_1(x)=\frac{da_1(x)}{dx}+a_0(x)$$
$$b_0(x)=\frac{da_0(x)}{dx}$$

という関係が成立するので

$$a_1(x)=b_2(x)=x$$
$$a_0(x)=b_1(x)-\frac{da_1(x)}{dx}=x^2+x+2-1=x^2+x+1$$

となり、与えられた方程式は

$$x\frac{dy}{dx}+(x^2+x+1)y$$

の全微分であることがわかる。よって

$$x\frac{dy}{dx}+(x^2+x+1)y = C_2 x + C_3$$

となる。
　これは、1 階の線形微分方程式である。ここでは第 2 章で求めた公式を使う。一般形が

$$\frac{dy}{dx}+f(x)y = g(x)$$

の線形微分方程式の解は

$$y = \exp\left(-\int f(x)dx\right)\left\{\int g(x)\exp\left(\int f(x)dx\right)dx + C\right\}$$

であった。いまの場合

$$f(x) = \frac{x^2+x+1}{x} = x+\frac{1}{x}+1 \qquad g(x) = \frac{C_2 x + C_3}{x} = C_2 + \frac{C_3}{x}$$

であるから、一般解は

$$y = \exp\left(-\int(x+\frac{1}{x}+1)dx\right)\left\{\int(C_2+\frac{C_3}{x})\exp\left(\int(x+\frac{1}{x}+1)dx\right)dx + C_4\right\}$$

整理すると

$$y = \exp\left(-\frac{x^2}{2} - \ln|x| - x + C_5\right)\left\{\int (C_2 + \frac{C_3}{x})\exp\left(\frac{x^2}{2} + \ln|x| + x + C_6\right)dx + C_4\right\}$$

となる。

6.7. オイラーの微分方程式

$$x^3\frac{d^3y}{dx^3} + a_2 x^2 \frac{d^2y}{dx^2} + a_1 x \frac{dy}{dx} + a_0 y = Q(x)$$

のようなかたちをした微分方程式をオイラーの微分方程式と呼んでいる。2階の場合には

$$x^2\frac{d^2y}{dx^2} + a_1 x \frac{dy}{dx} + a_0 y = Q(x)$$

となり、一般の n 階の微分方程式の場合には

$$x^n\frac{d^n y}{dx^n} + a_{n-1} x^{n-1} \frac{d^{n-1}y}{dx^{n-1}} + ... + a_2 x^2 \frac{d^2y}{dx^2} + a_1 x \frac{dy}{dx} + a_0 y = Q(x)$$

と書くことができる。

この方程式では、$x = \exp(t)$ あるいは $x = \exp(-t)$ と独立変数を変数変換することにより、定係数の線形微分方程式にすることができる。

例として2階の場合

$$x^2\frac{d^2y}{dx^2} + a_1 x \frac{dy}{dx} + a_0 y = Q(x)$$

をみてみよう。$x = \exp(t)$ と置くと

$$\frac{dx}{dt} = \exp(t) \quad \text{より} \quad \frac{dt}{dx} = \frac{1}{\exp(t)} = \exp(-t)$$

ここで

$$\frac{dy}{dx} = \frac{dy}{dt}\frac{dt}{dx} = \exp(-t)\frac{dy}{dt}$$

$$\frac{d^2y}{dx^2} = \frac{d}{dx}\left(\frac{dy}{dx}\right) = \frac{d}{dt}\left(\frac{dy}{dx}\right)\frac{dt}{dx} = \frac{d}{dt}\left(\exp(-t)\frac{dy}{dt}\right)\frac{dt}{dx}$$

$$= \left\{-\exp(-t)\frac{dy}{dt} + \exp(-t)\frac{d^2y}{dt^2}\right\}\exp(-t) = -\exp(-2t)\frac{dy}{dt} + \exp(-2t)\frac{d^2y}{dt^2}$$

これを微分方程式の左辺に代入すると

$$\exp(2t)\left\{-\exp(-2t)\frac{dy}{dt} + \exp(-2t)\frac{d^2y}{dt^2}\right\} + a_1\exp(t)\exp(-t)\frac{dy}{dt} + a_0 y$$

となり

$$\frac{d^2y}{dt^2} + (a_1 - 1)\frac{dy}{dt} + a_0 y$$

となるので、確かに定係数に変換できることがわかる。ただし、$x = \exp(t)$ という変数変換ができるのは、$x > 0$ の場合だけであることに注意する。

演習 6-7 つぎの微分方程式を解法せよ。

$$x^2 \frac{d^2y}{dx^2} + 4x\frac{dy}{dx} + 2y = 0 \quad (x > 0)$$

第 6 章 解法可能な高階微分方程式

解） $x = \exp(t)$ と置く。すると

$$\frac{dy}{dx} = \exp(-t)\frac{dy}{dt} \qquad \frac{d^2 y}{dx^2} = -\exp(-2t)\frac{dy}{dt} + \exp(-2t)\frac{d^2 y}{dt^2}$$

であるから、微分方程式に代入すると

$$\frac{d^2 y}{dx^2} + 3\frac{dy}{dt} + 2y = 0$$

のような定係数の微分方程式となる。

この特性方程式は

$$\lambda^2 + 3\lambda + 2 = 0 \qquad (\lambda+1)(\lambda+2) = 0$$

より $\lambda = -1$、$\lambda = -2$ となるから、一般解は

$$y = C_1 \exp(-t) + C_2 \exp(-2t) = \frac{C_1}{x} + \frac{C_2}{x^2} \qquad (C_1, C_2: \text{定数})$$

となる。

第7章　線形微分方程式と線形空間

 いままで1階および2階の微分方程式の解法について説明してきた。それより高階の微分方程式に関しては、解法が可能な特殊なものについてのみ説明を行った。このように、高階の微分方程式の解法は一般的には不可能な場合が多い。幸いなことに多くの物理現象や、経済学などへの応用に関しては、2階の微分方程式で済むことが多い。

 この微分方程式の中で特に重要なものに線形微分方程式がある。本書でも、すでに1階と2階の線形微分方程式の解法を紹介している。ここでは、より一般的な n 階の線形微分方程式と、その解の特徴について紹介する。

7.1.　n 階線形微分方程式

 まず、n 階の線形微分方程式 (linear differential equation of the nth order) の定義から行う。

$$m_n(x)\frac{d^n y}{dx^n} + m_{n-1}(x)\frac{d^{n-1} y}{dx^{n-1}} + \ldots + m_2(x)\frac{d^2 y}{dx^2} + m_1(x)\frac{dy}{dx} + m_0(x)y = G(x)$$

のようなかたちをした微分方程式を n 階の線形微分方程式と呼んでいる。ここで $m_n(x), \ldots, m_0(x)$ および $G(x)$ は定数または x の関数であり、$m_n(x) \neq 0$ である。この方程式の両辺を $m_n(x)$ で割れば

$$\frac{d^n y}{dx^n} + f_{n-1}(x)\frac{d^{n-1} y}{dx^{n-1}} + \ldots + f_2(x)\frac{d^2 y}{dx^2} + f_1(x)\frac{dy}{dx} + f_0(x)y = Q(x)$$

第 7 章　線形微分方程式と線形空間

となるので、今後は、このかたちを線形微分方程式の一般式として採用する。

ここで、$Q(x) = 0$ の場合、すなわち

$$\frac{d^n y}{dx^n} + f_{n-1}(x)\frac{d^{n-1} y}{dx^{n-1}} + ... + f_2(x)\frac{d^2 y}{dx^2} + f_1(x)\frac{dy}{dx} + f_0(x)y = 0$$

の場合、すべての項が y とその導関数について同じ次数、すなわち 1 次となっているので、**同次方程式** (homogeneous equation) と呼んでいる。$Q(x) \neq 0$ であると、この項は y に関して 0 次となるので、次数がこの項だけ異なるため**非同次方程式** (inhomogeneous equation) と呼び、$Q(x)$ を**非同次項** (inhomogeneous term) と呼んでいる。すでに本書でも 1 次と 2 次の線形微分方程式の場合に同次と非同次の区別を紹介している。

また、すべての**係数** (coefficients)、つまり $f_{n-1}(x), ..., f_0(x)$ が**定数** (constant) の場合を**定係数線形微分方程式** (linear differential equation with constant coefficients) と呼んでいる。

7.2.　同次線形微分方程式の解

同次線形微分方程式の解には、非常に重要な性質がある。それを紹介してみよう。まず同次方程式

$$\frac{d^n y}{dx^n} + f_{n-1}(x)\frac{d^{n-1} y}{dx^{n-1}} + ... + f_2(x)\frac{d^2 y}{dx^2} + f_1(x)\frac{dy}{dx} + f_0(x)y = 0$$

のひとつの解が $y = y_1(x)$ としよう。すると、C_1 を任意定数とすると

$$y = C_1 y_1(x)$$

も微分方程式の解となる。これは上式に代入すると簡単に確かめられる。すなわち、左辺に代入すると

$$C_1 \frac{d^n y_1(x)}{dx^n} + C_1 f_{n-1}(x) \frac{d^{n-1} y_1(x)}{dx^{n-1}} + \ldots + C_1 f_1(x) \frac{dy_1(x)}{dx} + C_1 f_0(x) y_1(x)$$
$$= C_1 \left(\frac{d^n y_1(x)}{dx^n} + f_{n-1}(x) \frac{d^{n-1} y_1(x)}{dx^{n-1}} + \ldots + f_1(x) \frac{dy_1(x)}{dx} + f_0(x) y_1(x) \right)$$

となるが、括弧内が微分方程式を満たすので、この値は 0 となるからである。

同様にして、同次線形微分方程式の解を

$$y = y_1(x), \quad y = y_2(x)$$

とすると

$$y = C_1 y_1(x) + C_2 y_2(x) \qquad (C_1, C_2: 任意定数)$$

も微分方程式の解となる。同様にして

$$y = y_1(x), \quad y = y_2(x), \ldots, \quad y = y_n(x)$$

が微分方程式の解ならば

$$y = C_1 y_1(x) + C_2 y_2(x) + \ldots + C_n y_n(x) \qquad (C_1, C_2, \ldots, C_n: 任意定数)$$

も微分方程式の解となる。

この場合、n はもとの方程式の階数よりも多くても構わないが、解全体を網羅するために必要な解の数は n 個で十分である。ただし、解全体を網羅するためには、n 個の解は互いに**線形独立** (linearly independent) でなければならないという性質がある。例えば

$$y_5(x) = C_2 y_2(x) + C_4 y_4(x)$$

という関係にある場合には、$y_5(x)$は線形独立ではない。 別ないい方をすれば、$y_5(x)$は、$y_2(x)$と、$y_4(x)$の線形結合になっている。このような場合、解は互いに**線形従属** (linearly dependent) であると呼ぶ。

ここで、解の集合

$$\{\, y = y_1(x),\ \ y = y_2(x)\,,\, \ldots,\ \ y = y_n(x)\,\}$$

がすべて線形独立であるためには

$$a_1 y_1 + a_2 y_2 + a_3 y_3 + \ldots + a_{n-1} y_{n-1} + a_n y_n = 0$$

が成立するのが

$$a_1 = a_2 = a_3 = \ldots = a_{n-1} = a_n = 0$$

のときのみであるという条件を満足すれば良い。

例えば

$$a_1 y_1 + a_2 y_2 + a_3 y_3 = 0$$

という条件を満たす係数が

$$a_1 = a_2 = a_3 = 0$$

以外にあるとすると

$$y_3 = -\frac{a_1}{a_3} y_1 - \frac{a_2}{a_3} y_2$$

となって、必ず、ある解が他の解の線形結合となってしまうからである。

> 演習 7-1　関数 $\exp(x)$ と $\exp(-x)$ が線形独立であることを証明せよ。

解）　a_1, a_2 を任意の定数とすると

$$a_1 \exp(x) + a_2 \exp(-x) = 0$$

を満たすためには

$$a_1 = a_2 = 0$$

となることを証明すればよい。

しかし、このままでは、与えられた式は1個で変数が2個あるから対処できない。ここで、もう1個式を増やそう。上の等式の両辺を微分する。すると

$$a_1 \exp(x) - a_2 \exp(-x) = 0$$

という等式ができるが、当然、最初の式が成立しているならば、この式も成立していなければならない。つまり、与えられた関数が微分可能であれば、微分を利用して等式を増やすことができるのである。

そして、これら式を連立して係数を求める。上の式と下の式を足すと

$$2 a_1 \exp(x) = 0$$

がえられる。$\exp(x) \neq 0$ であるから、この等式を満足するのは

$$a_1 = 0$$

である。同様にして

第7章　線形微分方程式と線形空間

$$a_2 = 0$$

となり、関数 $\exp(x)$ と $\exp(-x)$ が線形独立であることが証明できた。

それでは、いまの手法を利用して、y_1, y_2, y_3 が線形独立のときの条件を考えてみよう。

$$a_1 y_1 + a_2 y_2 + a_3 y_3 = 0$$

という等式が成立するのは、$a_1 = a_2 = a_3 = 0$ の場合のみというのが、線形独立のための条件であった。しかし、このままでは等式が 1 個しかない。そこで、両辺の微分をとると

$$a_1 \frac{dy_1}{dx} + a_2 \frac{dy_2}{dx} + a_3 \frac{dy_3}{dx} = 0$$

と新たな式ができる。
　さらに微分をとると

$$a_1 \frac{d^2 y_1}{dx^2} + a_2 \frac{d^2 y_2}{dx^2} + a_3 \frac{d^2 y_3}{dx^2} = 0$$

となって、3 変数に対して、3 個の式ができる。これで係数を求めることができる。ところで、これら 3 式は、**行列** (matrix) を使って表現すると

$$\begin{pmatrix} y_1 & y_2 & y_3 \\ \dfrac{dy_1}{dx} & \dfrac{dy_2}{dx} & \dfrac{dy_3}{dx} \\ \dfrac{d^2 y_1}{dx^2} & \dfrac{d^2 y_2}{dx^2} & \dfrac{d^2 y_3}{dx_2} \end{pmatrix} \begin{pmatrix} a_1 \\ a_2 \\ a_3 \end{pmatrix} = \begin{pmatrix} 0 \\ 0 \\ 0 \end{pmatrix}$$

となる。

　ここで線形代数を少し思い出して欲しい。この連立 1 次方程式が

$$a_1 = a_2 = a_3 = 0$$

という自明な解以外に解を有する場合、**行列式** (determinant) が

$$\begin{vmatrix} y_1 & y_2 & y_3 \\ \dfrac{dy_1}{dx} & \dfrac{dy_2}{dx} & \dfrac{dy_3}{dx} \\ \dfrac{d^2 y_1}{dx^2} & \dfrac{d^2 y_2}{dx^2} & \dfrac{d^2 y_3}{dx_2} \end{vmatrix} = 0$$

という条件を満足する必要がある。

　よって $a_1 = a_2 = a_3 = 0$ という解しかない場合には

$$\begin{vmatrix} y_1 & y_2 & y_3 \\ \dfrac{dy_1}{dx} & \dfrac{dy_2}{dx} & \dfrac{dy_3}{dx} \\ \dfrac{d^2 y_1}{dx^2} & \dfrac{d^2 y_2}{dx^2} & \dfrac{d^2 y_3}{dx_2} \end{vmatrix} \neq 0$$

ということが条件となる。この行列式を

$$W(y_1, y_2, \ldots, y_n)$$

と表記し、**ロンスキー行列式** (Wronskian) と呼んでいる。日本語ではわからないが、ロンスキー行列式を W とするのは、英名が Wronski のように W で始まっているからである。

第7章　線形微分方程式と線形空間

演習 7-2 関数 x, x^2, x^3 が線形独立かどうか確かめよ。

解） これら関数が線形独立であるためには

$$a_1 x + a_2 x^2 + a_3 x^3 = 0$$

が成立するのが

$$a_1 = a_2 = a_3 = 0$$

の場合のみであることを証明すればよい。

ロンスキー行列式は

$$\begin{vmatrix} x & x^2 & x^3 \\ 1 & 2x & 3x^2 \\ 0 & 2 & 6x \end{vmatrix} = -2 \begin{vmatrix} x & x^3 \\ 1 & 3x^2 \end{vmatrix} + 6x \begin{vmatrix} x & x^2 \\ 1 & 2x \end{vmatrix} = -2(3x^3 - x^3) + 6x(2x^2 - x^2) = 2x^3$$

となって $x \neq 0$ のとき、0 とはならないので線形独立であることがわかる。

演習 7-3 関数 $x, x^2, 3x^2 + 2x$ が線形独立かどうか確かめよ。

解） これら関数が線形独立であるためには

$$a_1 x + a_2 x^2 + a_3 (3x^2 + 2x) = 0$$

が成立するのが

$$a_1 = a_2 = a_3 = 0$$

の場合のみであることを証明すればよい。

ロンスキー行列式は

$$\begin{vmatrix} x & x^2 & 3x^2+2x \\ 1 & 2x & 6x+2 \\ 0 & 2 & 6 \end{vmatrix} = -2\begin{vmatrix} x & 3x^2+2x \\ 1 & 6x+2 \end{vmatrix} + 6\begin{vmatrix} x & x^2 \\ 1 & 2x \end{vmatrix}$$

$$= -2(6x^2+2x-3x^2-2x)+6(2x^2-x^2) = 0$$

となって 0 となるので線形独立ではないことがわかる。

7.3. 解の線形空間

n 階の同次線形微分方程式には n 個の線形独立な解が存在する。$n+1$ 個になれば、必ず線形従属となる。それをまず確かめてみよう。

$$\frac{d^3y}{dx^3} + f_2(x)\frac{d^2y}{dx^2} + f_1(x)\frac{dy}{dx} + f_0(x)y = 0$$

という 3 階の同次線形微分方程式を考えてみよう。この解として

$$y = y_1(x), \quad y = y_2(x), \quad y = y_3(x), \quad y = y_4(x)$$

として 4 個の解があるとする。するとロンスキー行列式は

第 7 章　　線形微分方程式と線形空間

$$W(y_1, y_2, y_3, y_4) = \begin{vmatrix} y_1 & y_2 & y_3 & y_4 \\ \dfrac{dy_1}{dx} & \dfrac{dy_2}{dx} & \dfrac{dy_3}{dx} & \dfrac{dy_4}{dx} \\ \dfrac{d^2 y_1}{dx^2} & \dfrac{d^2 y_2}{dx^2} & \dfrac{d^2 y_3}{dx^2} & \dfrac{d^2 y_4}{dx^2} \\ \dfrac{d^3 y_1}{dx^3} & \dfrac{d^3 y_2}{dx^3} & \dfrac{d^3 y_3}{dx^3} & \dfrac{d^3 y_4}{dx^3} \end{vmatrix}$$

となる。ここで、これら解は

$$\frac{d^3 y}{dx^3} = -f_2(x)\frac{d^2 y}{dx^2} - f_1(x)\frac{dy}{dx} - f_0(x)y$$

を満足する。ここで行列式の性質として

$$\begin{vmatrix} a_{11} & a_{12} & a_{13} & a_{14} \\ a_{21} & a_{22} & a_{23} & a_{24} \\ a_{31} & a_{32} & a_{33} & a_{34} \\ a_{41} & a_{42} & a_{43} & a_{44} \end{vmatrix} = \begin{vmatrix} a_{11} & a_{12} & a_{13} & a_{14} \\ a_{21} & a_{22} & a_{23} & a_{24} \\ a_{31} & a_{32} & a_{33} & a_{34} \\ a_{41}+ka_{11} & a_{42}+ka_{12} & a_{43}+ka_{13} & a_{44}+ka_{14} \end{vmatrix}$$

のように、ある行に他の行を定数倍したものを足しても値は変わらないという性質があった。そこで、先ほどのロンスキー行列式において

第 4 行＋$f_0(x)$×第 1 行＋$f_1(x)$×第 2 行＋$f_2(x)$×第 3 行

という操作を行うと

$$W(y_1, y_2, y_3, y_4) = \begin{vmatrix} y_1 & y_2 & y_3 & y_4 \\ \dfrac{dy_1}{dx} & \dfrac{dy_2}{dx} & \dfrac{dy_3}{dx} & \dfrac{dy_4}{dx} \\ \dfrac{d^2 y_1}{dx^2} & \dfrac{d^2 y_2}{dx^2} & \dfrac{d^2 y_3}{dx^2} & \dfrac{d^2 y_4}{dx^2} \\ \dfrac{d^3 y_1}{dx^3} & \dfrac{d^3 y_2}{dx^3} & \dfrac{d^3 y_3}{dx^3} & \dfrac{d^3 y_4}{dx^3} \end{vmatrix} = \begin{vmatrix} y_1 & y_2 & y_3 & y_4 \\ \dfrac{dy_1}{dx} & \dfrac{dy_2}{dx} & \dfrac{dy_3}{dx} & \dfrac{dy_4}{dx} \\ \dfrac{d^2 y_1}{dx^2} & \dfrac{d^2 y_2}{dx^2} & \dfrac{d^2 y_3}{dx^2} & \dfrac{d^2 y_4}{dx^2} \\ 0 & 0 & 0 & 0 \end{vmatrix} = 0$$

となって、必ずロンスキー行列式は 0 となってしまう。つまり、線形従属であることがわかる。この考えは、n 階の場合にも簡単に拡張できる。よって、n 階の同次線形微分方程式では、解の数が $n+1$ 個になれば、必ず線形従属となることがわかる。

一方、n 階の微分方程式の場合には、n 個の解を n 個の係数をかけて線形結合した式を n 階微分することによって n 個の異なる等式をつくることができるから、互いに線形従属とはならない解を見つけることができるはずである。よって n **階の同次線形微分方程式**では、n **個の線形独立な解**が存在することになる。

同次方程式の解を全部あつめて集合 V をつくると、V は**線形空間** (linear space) を形成することが知られている。

ここで線形空間について簡単に復習してみよう。線形空間の代表例は 2 次元空間あるいは xy 座標である。この場合、線形独立な成分は 2 個あり、最も基本的なものは、ベクトル表示すると

$$\begin{pmatrix} x \\ y \end{pmatrix} = \begin{pmatrix} 1 \\ 0 \end{pmatrix} \quad と \quad \begin{pmatrix} x \\ y \end{pmatrix} = \begin{pmatrix} 0 \\ 1 \end{pmatrix}$$

この成分 2 個の線形結合で、すべての xy 座標を表示することができる。つまり、C_1 と C_2 を任意定数とすると、すべての座標は

$$\begin{pmatrix} x \\ y \end{pmatrix} = C_1 \begin{pmatrix} 1 \\ 0 \end{pmatrix} + C_2 \begin{pmatrix} 0 \\ 1 \end{pmatrix}$$

となる。

同様にして 3 次元空間も線形空間であり、空間のすべての座標は

$$\begin{pmatrix} x \\ y \\ z \end{pmatrix} = C_1 \begin{pmatrix} 1 \\ 0 \\ 0 \end{pmatrix} + C_2 \begin{pmatrix} 0 \\ 1 \\ 0 \end{pmatrix} + C_3 \begin{pmatrix} 0 \\ 0 \\ 1 \end{pmatrix}$$

第7章　線形微分方程式と線形空間

で表現できる。これらは単位ベクトルで表現しているが、互いに平行ではない3個のベクトルならば、同様に表現することが可能である。例えば

$$\begin{pmatrix} x \\ y \end{pmatrix} = C_1 \begin{pmatrix} 1 \\ 1 \end{pmatrix} + C_2 \begin{pmatrix} 0 \\ -1 \end{pmatrix}$$

というベクトルでも、線形空間をすべて埋め尽くすことができる。

　微分方程式の解の場合は、線形空間の成分はベクトルではなく関数となる。そして、n階の同次線形微分方程式の場合は、n個の線形独立な解があれば、すべての解空間を、これらn個の線形結合として表現することができる。これらn個の線形独立な解を**基本解** (elementary solution) と呼んでいる。ベクトルの場合と同様に、基本解の組み合わせは一通りとは限らない。

　つまり、n階の同次線形微分方程式の解空間はn個の基本解の線形結合で埋められていることになる。それでは2階の同次線形微分方程式

$$\frac{d^2 y}{dx^2} + f_1(x) \frac{dy}{dx} + f_2(x) y = 0$$

の場合に解の集合が線形空間をつくっているかどうかを確かめてみよう。線形空間の場合 y_1 と y_2 が V の成分ならば、その線形和

$$C_1 y_1 + C_2 y_2$$

も V の成分である必要がある。この証明は簡単で、そのまま微分方程式の左辺に代入すると

$$\frac{d^2(C_1 y_1 + C_2 y_2)}{dx^2} + f_1(x) \frac{d(C_1 y_1 + C_2 y_2)}{dx} + f_2(x)(C_1 y_1 + C_2 y_2)$$

となるが、これを変形すると

$$C_1\left(\frac{d^2y_1}{dx^2}+f_1(x)\frac{dy_1}{dx}+f_2(x)y_1\right)+C_2\left(\frac{d^2y_2}{dx^2}+f_1(x)\frac{dy_2}{dx}+f_2(x)y_2\right)$$

となるが、それぞれのカッコ内は微分方程式の解であるから

$$\frac{d^2(C_1y_1+C_2y_2)}{dx^2}+f_1(x)\frac{d(C_1y_1+C_2y_2)}{dx}+f_2(x)(C_1y_1+C_2y_2)=0$$

となって $C_1y_1+C_2y_2$ も V の成分となることがわかる。同様のことは n 階の場合にも証明することができる。

　このように、同次線形微分方程式の解の集合は線形空間を形成することがわかる。そして、n 階の同次線形微分方程式の線形独立な n 個の解を

$$\{\, y=y_1(x),\ y=y_2(x),\ldots,\ y=y_n(x)\,\}$$

とすると、これが基本解であり、すべての解は、これら基本解の線形結合

$$y=C_1y_1+C_2y_2+C_3y_3+\ldots+C_{n-1}y_{n-1}+C_ny_n$$

で表すことができる。ただし、$C_1, C_2, C_3, \ldots, C_n$ は任意定数である。そして、これら n 個の任意定数を含んだ解を n 階同次線形微分方程式の一般解と呼んでいる。

演習 7-4 つぎの微分方程式の一般解を求めよ。

$$x^3\frac{d^3y}{dx^3}-6x\frac{dy}{dx}+12y=0$$

解）　オイラーの方程式であるので

第7章　線形微分方程式と線形空間

$$x = \exp(t)$$

と置くと

$$\frac{dy}{dx} = \frac{dy}{dt}\frac{dt}{dx} = \exp(-t)\frac{dy}{dt}$$

$$\frac{d^2 y}{dx^2} = \frac{d}{dt}\left(\frac{dy}{dx}\right)\frac{dt}{dx} = -\exp(-2t)\frac{dy}{dt} + \exp(-2t)\frac{d^2 y}{dt^2}$$

$$\frac{d^3 y}{dx^3} = \frac{d}{dt}\left(\frac{d^2 y}{dx^2}\right)\frac{dt}{dx} = 2\exp(-3t)\frac{dy}{dt} - \exp(-3t)\frac{d^2 y}{dt^2} - 2\exp(-3t)\frac{d^2 y}{dt^2} + \exp(-3t)\frac{d^3 y}{dt^3}$$

$$= 2\exp(-3t)\frac{dy}{dt} - 3\exp(-3t)\frac{d^2 y}{dt^2} + \exp(-3t)\frac{d^3 y}{dt^3}$$

これを微分方程式 $x^3 \dfrac{d^3 y}{dx^3} - 6x\dfrac{dy}{dx} + 12y = 0$ に代入すると

$$2\frac{dy}{dt} - 3\frac{d^2 y}{dt^2} + \frac{d^3 y}{dt^3} - 6\frac{dy}{dt} + 12y = 0$$

整理して

$$\frac{d^3 y}{dt^3} - 3\frac{d^2 y}{dt^2} - 4\frac{dy}{dt} + 12y = 0$$

となって、定係数の微分方程式になる。
　そこで

$$y = \exp(\lambda t)$$

という解を仮定すると

$$\lambda^3 - 3\lambda^2 - 4\lambda + 12 = 0$$

という特性方程式がえられる。
　これを因数分解すると

$$\lambda^2(\lambda-3)-4(\lambda-3)=(\lambda+2)(\lambda-2)(\lambda-3)=0$$

となり

$$\lambda=2,-2,3$$

となるので、基本解として

$$y=\exp(2t),\ y=\exp(-2t),\ y=\exp(3t)$$

がえられる。

$x=\exp(t)$ と置いたので、結局、基本解は

$$y=x^2,\ y=x^{-2},\ y=x^3$$

となる。

これら解が互いに線形独立かどうかを確かめるために、ロンスキー行列式を計算する。すると

$$W=(x^2,x^{-2},x^3)=\begin{vmatrix} x^2 & x^{-2} & x^3 \\ 2x & -2x^{-3} & 3x^2 \\ 2 & 6x^{-4} & 6x \end{vmatrix}=-20\neq 0$$

となるから、これら解が互いに線形独立であることがわかる。よって一般解は

$$y=C_1 x^2+C_2 x^{-2}+C_3 x^3$$

となる。

これら関数によって、表記の 3 階同次線形微分方程式の解の線形空間をすべて埋め尽くすことができる。

第7章　線形微分方程式と線形空間

7.4. 非同次線形微分方程式

同次線形方程式の解の求め方と解の集合が形成する線形空間の考え方を説明した。それでは

$$\frac{d^n y}{dx^n} + f_{n-1}(x)\frac{d^{n-1} y}{dx^{n-1}} + ... + f_2(x)\frac{d^2 y}{dx^2} + f_1(x)\frac{dy}{dx} + f_0(x)y = Q(x)$$

のような非同次の微分方程式の解法はどのように考えたら良いのであろうか。残念ながら、非同次の線形微分方程式の解の集合は線形空間を形成しない。それは $Q(x)$ の項があるためで、先ほど同次方程式の解で証明した方法を適用すれば、線形ではないことがすぐに確かめられる。

それでは、どのように対処したらよいのであろうか。このヒントは、すでに1階および2階の非同次線形微分方程式の解法で紹介している。まず、この非同次線形微分方程式に対応した同次方程式は

$$\frac{d^n y}{dx^n} + f_{n-1}(x)\frac{d^{n-1} y}{dx^{n-1}} + ... + f_2(x)\frac{d^2 y}{dx^2} + f_1(x)\frac{dy}{dx} + f_0(x)y = 0$$

となる。

ここで、同次方程式の一般解を

$$y = C_1 y_1(x) + C_2 y_2(x) + C_3 y_3(x) + ... + C_{n-1} y_{n-1}(x) + C_n y_n(x)$$

とすると、この解は上の同次微分方程式を満たしている。

ここで、仮に非同次方程式を満足する解 $v(x)$ が、何らかの方法で見つかったとしよう。すると

$$y = C_1 y_1(x) + C_2 y_2(x) + ... + C_{n-1} y_{n-1}(x) + C_n y_n(x) + v(x)$$

は非同次方程式を満たすはずである。なぜなら

$$y = C_1 y_1(x) + C_2 y_2(x) + \ldots + C_{n-1} y_{n-1}(x) + C_n y_n(x)$$

は非同次方程式に代入しても 0 の値しか示さない。残った項の $v(x)$ は、非同次方程式を満たすので、$Q(x)$ を与える。結局、左辺に代入すると

$$0 + Q(x) = Q(x)$$

となって、非同次方程式を満足するのである。しかも、この解は n 個の任意定数を含んでいるから、n 階の非同次方程式の一般解となる。これが同次方程式を利用して、非同次方程式の解がえられるトリックである。

結局、非同次方程式を満足する解が 1 個でも見つかれば、それを同次方程式の一般解に足し合わせることで

非同次方程式の一般解＝同次方程式の一般解＋非同次方程式の特殊解

のように非同次方程式の一般解がえられることになる。

演習 7-5 つぎの微分方程式の一般解を求めよ。

$$\frac{d^2 y}{dx^2} + 4\frac{dy}{dx} + 3y = 3\exp(2x)$$

解）　2 階の非同次の線形微分方程式である。まず同次方程式

$$\frac{d^2 y}{dx^2} + 4\frac{dy}{dx} + 3y = 0$$

の一般解を求めてみよう。定係数の微分方程式であるから、特性方程式を求めると

第7章　　線形微分方程式と線形空間

$$\lambda^2 + 4\lambda + 3 = (\lambda+3)(\lambda+1) = 0$$

よって、同次方程式の基本解として

$$y = \exp(-3x) \quad \text{および} \quad y = \exp(-x)$$

がえられる。よって、一般解は

$$y = C_1 \exp(-3x) + C_2 \exp(-x)$$

となる。

後は、非同次方程式を満足する特殊解 $v(x)$ をひとつでも見つければよい。ここで、非同次項に着目すると

$$2\exp(2x)$$

となっている。これは、基本解と線形従属ではないので、

$$v(x) = C_3 \exp(2x)$$

というかたちの解を仮定して、非同次微分方程式に代入してみよう。すると

$$\frac{d^2 v(x)}{dx^2} + 4\frac{dv(x)}{dx} + 3v(x) = 4C_3 \exp(2x) + 8C_3 \exp(2x) + 3C_3 \exp(2x) = 3\exp(2x)$$

となり、整理すると

$$15C_3 \exp(2x) = 3\exp(2x) \qquad 5C_3 \exp(2x) = \exp(2x)$$

となり

$$v(x) = \frac{1}{5}\exp(2x)$$

が非同次微分方程式の特殊解であることがわかる。よって、その一般解は

$$y = C_1 \exp(-3x) + C_2 \exp(-x) + \frac{1}{5}\exp(2x)$$

となる。

第8章　級数展開法

　微分方程式を解法することは、それほど簡単ではないことを紹介してきた。これは、複雑な関数を積分するのが難しいことに起因している。

　そこで、**べき級数展開** (power series expansion) を利用して微分方程式を解法するという試みがよく行われる。この手法は、ある微分方程式が与えられたときに、その解として

$$y = f(x) = a_0 + a_1 x + a_2 x^2 + a_3 x^3 + ... + a_n x^n + ...$$

という**無限級数** (infinite series) を仮定し、微分方程式に代入することで、係数を決定する方法である。いわば未定係数法の多項式を無限級数に変えたものである。無限級数の場合

$$e^x = 1 + x + \frac{1}{2!}x^2 + \frac{1}{3!}x^3 + \frac{1}{4!}x^4 + ... + \frac{1}{n!}x^n + ...$$

$$\sin x = x - \frac{1}{3!}x^3 + \frac{1}{5!}x^5 - \frac{1}{7!}x^7 + ... + (-1)^n \frac{1}{(2n+1)!}x^{2n+1} + ...$$

$$\cos x = 1 - \frac{1}{2!}x^2 + \frac{1}{4!}x^4 - \frac{1}{6!}x^6 + ... + (-1)^n \frac{1}{(2n)!}x^{2n} + ...$$

$$\ln(1+x) = x - \frac{x^2}{2} + \frac{x^3}{3} - \frac{x^4}{4} + \frac{x^5}{5} + ...$$

$$\ln x = (x-1) - \frac{(x-1)^2}{2} + \frac{(x-1)^3}{3} - \frac{(x-1)^4}{4} + \frac{(x-1)^5}{5} + ...$$

のように多項式では対応できない三角関数や指数関数、対数関数を表現で

きるため、適用範囲が広い。

また、級数展開式では微分や積分が項別に行えるうえ、高階の微分や複数回の積分も簡単である。そして、微分方程式に代入して係数間の関係がえられれば、解が直接えられることになる。具体例で見てみよう。

8.1. 級数展開による微分方程式の解法

級数展開法の原理を理解する目的で、つぎの 2 階 1 次の微分方程式の解法への適用を考えてみよう。

$$\frac{d^2 y}{dx^2} - y = 0$$

これは、同次線形方程式であるから、$y = \exp(\lambda x)$ というかたちの基本解があることはわかっているが、ここでは級数展開の手法を理解するために、この方法を利用して解法してみる。この解を

$$y = a_0 + a_1 x + a_2 x^2 + a_3 x^3 + ... + a_n x^n + ...$$

のような無限級数と仮定する。まず、この級数展開式を微分すると

$$\frac{dy}{dx} = a_1 + 2a_2 x + 3a_3 x^2 + ... + na_n x^{n-1} + ...$$

$$\frac{d^2 y}{dx^2} = 2a_2 + 3 \cdot 2 a_3 x + 4 \cdot 3 a_4 x^2 + ... + n \cdot (n-1) a_n x^{n-2} + ...$$

これを上の微分方程式に代入してみる。すると

$$\frac{d^2 y}{dx^2} - y = 2a_2 + 3 \cdot 2 a_3 x + 4 \cdot 3 a_4 x^2 + ... + n \cdot (n-1) a_n x^{n-2} + ...$$
$$- (a_0 + a_1 x + a_2 x^2 + a_3 x^3 + ... + a_{n-2} x^{n-2} + ...) = 0$$

となる。x のべき級数に整理しなおすと

$$(2 \cdot 1 a_2 - a_0) + (3 \cdot 2 a_3 - a_1)x + (4 \cdot 3 a_4 - a_2)x^2 + \ldots + (n \cdot (n-1) a_n - a_{n-2})x^{n-2} + \ldots = 0$$

となる。この等式が成立するためには、すべての項の係数が 0 となる必要があるので

$$2 \cdot 1 a_2 - a_0 = 0$$
$$3 \cdot 2 a_3 - a_1 = 0$$
$$4 \cdot 3 a_4 - a_2 = 0$$
$$\ldots$$
$$n \cdot (n-1) a_n - a_{n-2} = 0$$

が成立する。すると

$$a_2 = \frac{1}{2 \cdot 1} a_0$$

$$a_3 = \frac{1}{3 \cdot 2} a_1$$

$$a_4 = \frac{1}{4 \cdot 3} a_2 = \frac{1}{1 \cdot 2 \cdot 3 \cdot 4} a_0 = \frac{1}{4!} a_0$$

$$a_5 = \frac{1}{5 \cdot 4} a_3 = \frac{1}{2 \cdot 3 \cdot 4 \cdot 5} a_1 = \frac{1}{5!} a_1$$

となり、一般式としては

$$a_{2n} = \frac{1}{2n!} a_0 \quad \text{あるいは} \quad a_{2n+1} = \frac{1}{(2n+1)!} a_1$$

となる。よって微分方程式の解としては

$$y = a_0\left(1 + \frac{x^2}{2!} + \frac{x^4}{4!} + ... + \frac{x^{2n}}{2n!} + ...\right) + a_1\left(x + \frac{x^3}{3!} + \frac{x^5}{5!} + ... + \frac{x^{2n+1}}{(2n+1)!} + ...\right)$$

が一般解となる。ただし、a_0 および a_1 は任意定数となる。

ところで、表記の微分方程式は、2階1次の同次線形微分方程式であり、

$$y = 1 + \frac{x^2}{2!} + \frac{x^4}{4!} + ... + \frac{x^{2n}}{2n!} + ... \qquad y = x + \frac{x^3}{3!} + \frac{x^5}{5!} + ... + \frac{x^{2n+1}}{(2n+1)!} + ...$$

は、互いに線形独立であるので、この同次線形微分方程式の基本解となっている。よって、一般解は、これら基本解の線形結合としてえられる。

しかし、前章で紹介したように、基本解としては別の組み合わせも考えられる。

ここで、一般解において、仮に $a_0 = a_1$ とすると

$$y = a_0\left(1 + x + \frac{x^2}{2!} + \frac{x^3}{3!} + \frac{x^4}{4!} + ... + \frac{x^n}{n!} + ...\right) = a_0 \exp(x)$$

のように、無限級数がちょうど指数関数を級数展開したものと一致する。

同様にして、$a_0 = -a_1$ の場合には

$$y = a_0\left(1 - x + \frac{x^2}{2!} - \frac{x^3}{3!} + \frac{x^4}{4!} + ... + (-1)^n\frac{x^n}{n!} + ...\right) = a_0 \exp(-x)$$

となる。これら解は、それぞれ線形独立であるから、表記の線形微分方程式の基本解となることがわかる。

実際に、表記の微分方程式は定係数の同次線形方程式であるから、特性方程式を解くと

$$\lambda^2 - 1 = 0 \qquad \lambda = \pm 1$$

第8章 級数展開法

となり、一般解として

$$y = C_1 \exp(x) + C_2 \exp(-x)$$

がえられる。

このように、級数展開法により、級数のかたちで解がえられた後で、それが指数関数や三角関数の級数展開となっている場合には、解析的な解がえられる。

演習 8-1 つぎの微分方程式を級数展開法により解法せよ。

$$\frac{dy}{dx} = y$$

解） 微分方程式の解を

$$y = a_0 + a_1 x + a_2 x^2 + a_3 x^3 + \ldots + a_n x^n + \ldots$$

のような無限級数と仮定する。まず、この級数展開式を微分すると

$$\frac{dy}{dx} = a_1 + 2a_2 x + 3a_3 x^2 + \ldots + na_n x^{n-1} + \ldots$$

ここで微分方程式

$$\frac{dy}{dx} - y = 0$$

にこれら級数を代入して整理すると

$$(a_1 - a_0) + (2a_2 - a_1)x + (3a_3 - a_2)x^2 + \ldots + (na_n - a_{n-1})x^{n-1} + \ldots = 0$$

となる。

この等式が成立するのは、すべての係数が 0 のときであるから

$$a_1 = a_0$$
$$2a_2 = a_1$$
$$3a_3 = a_2$$
$$\ldots$$
$$na_n = a_{n-1}$$

となる。よって

$$a_2 = \frac{1}{2}a_1 = \frac{1}{2}a_0$$
$$a_3 = \frac{1}{3}a_2 = \frac{1}{3}\frac{1}{2}a_0 = \frac{1}{3!}a_0$$
$$\ldots$$
$$a_n = \frac{1}{n}a_{n-1} = \frac{1}{n}\frac{1}{(n-1)!}a_0 = \frac{1}{n!}a_0$$

となり、求める解は a_0 を定数として

$$y = a_0\left(1 + x + \frac{1}{2!}x^2 + \frac{1}{3!}x^3 + \ldots + \frac{1}{n!}x^n + \ldots\right)$$

が一般解となる。

ところで、表記の微分方程式は変数分離形であり

第 8 章　級数展開法

$$\frac{dy}{dx} = y \qquad \frac{dy}{y} = dx$$

より、両辺を積分すると

$$\ln|y| = x + C$$

よって

$$y = \pm\exp(x+C) = \pm\exp C \exp x = A\exp x$$

のように解析解が簡単にえられる。

ここで、級数展開法によって求めた解を見ると

$$\exp x = 1 + x + \frac{1}{2!}x^2 + \frac{1}{3!}x^3 + \dots + \frac{1}{n!}x^n + \dots$$

という展開となっているの、一般解は

$$y = a_0 \exp x$$

となり、解析的に解いた場合と一致する。

8.2.　テーラー級数を利用した解法

無限級数を微分方程式の解法に利用するときには**テーラー級数** (Taylor series) を利用するとうまくいく場合がある。そこで、まずテーラー級数について簡単に復習しよう。無限級数の一般式

$$y = f(x) = a_0 + a_1 x + a_2 x^2 + a_3 x^3 + \dots + a_n x^n + \dots$$

に $x=0$ を代入してみよう。すると

$$f(0) = a_0$$

となる。つぎに、級数式を微分してみよう。すると

$$f'(x) = a_1 + 2a_2 x + 3a_3 x + \dots + n a_n x^{n-1} + \dots$$

となる。ここで、$x = 0$ を代入すると

$$f'(0) = a_1$$

となる。級数式を 2 階微分すると

$$f''(x) = 2a_2 + 2 \cdot 3 a_3 x + \dots + n(n-1) a_n x^{n-2} + \dots$$

となるが、$x = 0$ を代入すると

$$f''(0) = 2a_2$$

となって、つぎの係数が求められる。以下、同様の方法で、微分を繰り返して $x = 0$ を代入していけば無限級数のすべての係数を求めることができる。この結果、一般の関数は

$$y = f(0) + f'(0)x + \frac{1}{2!} f''(0) x^2 + \frac{1}{3!} f'''(0) x^3 + \dots + \frac{1}{n!} f^{(n)}(0) x^n + \dots$$

と展開することができる。これを**テーラー展開** (Taylor expansion) と呼んでいる。ただし、厳密には、この展開は**マクローリン展開** (Maclaurin expansion) と呼ばれる。一般のテーラー展開は

$$y = f(x - a) = a_0 + a_1 (x - a) + a_2 (x - a)^2 + \dots + a_n (x - a)^n + \dots$$

というかたちをした無限級数を基礎として、微分を利用して各係数を求めたものである。

この場合も、微分を施しながら $x = a$ を代入していくことで、各係数を求めることができる。その結果

$$y = f(a) + f'(a)(x-a) + \frac{1}{2!}f''(a)(x-a)^2 + \ldots + \frac{1}{n!}f^{(n)}(a)(x-a)^n + \ldots$$

という展開が可能となる。この級数が、テーラー級数である。マクローリン級数は、テーラー級数において $a = 0$ と置いた特別の場合に相当する。

それでは、テーラー級数を利用して、微分方程式を解法してみよう。

$$\frac{dy}{dx} = x + y + 1$$

この方程式の解を

$$y = f(x) = f(0) + f'(0)x + \frac{1}{2!}f''(0)x^2 + \frac{1}{3!}f'''(0)x^3 + \ldots + \frac{1}{n!}f^{(n)}(0)x^n + \ldots$$

と仮定する。ここで、微分方程式に代入すると

$$f'(x) = x + f(x) + 1$$

両辺を微分すると

$$f''(x) = 1 + f'(x)$$

さらに微分すると

$$f'''(x) = f''(x)$$

となって、これより高階では、すべて

$$f^{(n+1)}(x) = f^{(n)}(x)$$

となる。ここで、これら式に $x=0$ を代入すれば

$$f'(0) = f(0) + 1 \qquad f''(0) = 1 + f'(0)$$
$$f'''(0) = f''(0) \quad ... \quad f^{(n+1)}(0) = f^{(n)}(0)$$

となるので $f(0) = C$ と置くと

$$f'(0) = C + 1 \qquad f''(0) = 1 + f'(0) = C + 2$$
$$f'''(0) = f^{(4)}(0) = ... = f^{(n)}(0) = ... = C + 2$$

となる。よって

$$y = f(x) = C + (C+1)x + \frac{1}{2!}(C+2)x^2 + \frac{1}{3!}(C+2)x^3 + ... + \frac{1}{n!}(C+2)x^n + ...$$

となり、整理すると

$$y = f(x) = (C+2)\left(1 + x + \frac{1}{2!}x^2 + \frac{1}{3!}x^3 + ... + \frac{1}{n!}x^n + ...\right) - 2 - x$$

となる。よって

$$y = f(x) = (C+2)\exp x - 2 - x$$

が一般解としてえられる。

演習 8-2　つぎの微分方程式の一般解を求めよ。

$$\frac{d^2 y}{dx^2} = xy$$

第8章　級数展開法

解）　この方程式の解を

$$y = f(x) = f(0) + f'(0)x + \frac{1}{2!}f''(0)x^2 + \frac{1}{3!}f'''(0)x^3 + ... + \frac{1}{n!}f^{(n)}(0)x^n + ...$$

と仮定する。ここで、微分方程式に代入すると

$$f''(x) = xf(x)$$

両辺を微分すると

$$f'''(x) = f(x) + xf'(x)$$

さらに微分すると

$$f^{(4)}(x) = 2f'(x) + xf''(x)$$

順次

$$f^{(5)}(x) = 3f''(x) + xf'''(x)$$
$$f^{(6)}(x) = 4f'''(x) + xf^{(4)}(x)$$

となっていき

$$f^{(n)}(x) = (n-2)f^{(n-3)}(x) + xf^{(n-2)}(x)$$

となる。ここで、$x = 0$ を代入すると

$$f''(0) = 0$$
$$f'''(0) = f(0)$$
$$f^{(4)}(0) = 2f'(0)$$
$$f^{(5)}(0) = 3f''(0) = 0$$
$$f^{(6)}(0) = 4f'''(0) = 4f(0)$$
$$f^{(7)}(0) = 5f^{(4)}(0) = 5 \cdot 2 f'(0)$$
$$f^{(8)}(0) = 6f^{(5)}(0) = 0$$

$$f^{(9)}(0) = 7f^{(6)}(0) = 7 \cdot 4 f(0)$$
$$f^{(10)}(0) = 8f^{(7)}(0) = 8 \cdot 5 \cdot 2 f'(0)$$

となるが、ここで

- $n = 1, 3, 6, 9, 12, \ldots$ の項の係数は $f(0)$ でくくり出せる。
- $n = 2, 5, 8, 11, \ldots$ の項の係数は 0
- $n = 4, 7, 10, 13, \ldots$ の項の係数は $f'(0)$ でくくり出せる。

整理すると、一般式として

$$y = f(0)\left(1 + \frac{1}{3!}x^3 + \frac{4}{6!}x^6 + \frac{4 \cdot 7}{9!}x^9 + \frac{4 \cdot 7 \cdot 10}{12!}x^{12} + \ldots\right)$$
$$+ f'(0)\left(x + \frac{2}{4!}x^4 + \frac{2 \cdot 5}{7!}x^7 + \frac{2 \cdot 5 \cdot 8}{10!}x^{10} + \frac{2 \cdot 5 \cdot 8 \cdot 11}{13!}x^{13} + \ldots\right)$$

が解となる。

8.3. フロベニウスの方法

いままでは微分方程式の級数解として

$$y = f(x) = a_0 + a_1 x + a_2 x^2 + a_3 x^3 + \ldots + a_n x^n + \ldots$$

という解を仮定してきたが、すでに見てきたように

$$y = x^2 \exp x$$

のようなかたちの解が存在することもよくある。このとき、この解を級数で表すと

$$y = x^2\left(1 + x + \frac{1}{2!}x^2 + \frac{1}{3!}x^3 + \ldots + \frac{1}{n!}x^n + \ldots\right)$$

$$= x^2 + x^3 + \frac{1}{2!}x^4 + \frac{1}{3!}x^5 + \ldots + \frac{1}{n!}x^{n+2} + \ldots$$

となる。
　このような場合、級数解としては

$$y = x^C f(x) = a_0 x^C + a_1 x^{C+1} + a_2 x^{C+2} + a_3 x^{C+3} + \ldots + a_n x^{C+n} + \ldots$$

のように 0 次ではなく、C 次からはじまる級数を仮定する必要がある。このような級数を**フロベニウス級数** (Frobenius series) と呼んでいる。テーラー級数は、この級数において $C = 0$ と置いた場合に相当する。
　具体例で見てみよう。

$$4x\frac{d^2y}{dx^2} + 2\frac{dy}{dx} + y = 0$$

という微分方程式を解こう。
　まず

$$y = x^C f(x) = a_0 x^C + a_1 x^{C+1} + a_2 x^{C+2} + a_3 x^{C+3} + \ldots + a_n x^{C+n} + \ldots$$

というフロベニウス型の級数解を仮定する。すると

$$\frac{dy}{dx} = Ca_0 x^{C-1} + (C+1)a_1 x^C + (C+2)a_2 x^{C+1}$$
$$+ (C+3)a_3 x^{C+2} + \ldots + (C+n)a_n x^{C+n-1} + \ldots$$

$$\frac{d^2y}{dx^2} = C(C-1)a_0 x^{C-2} + C(C+1)a_1 x^{C-1} + \ldots + (C+n)(C+n-1)a_n x^{C+n-2} + \ldots$$

となるので、微分方程式に代入すると

$$4C(C-1)a_0 x^{C-1} + 4C(C+1)a_1 x^C + \ldots + 4(C+n)(C+n-1)a_n x^{C+n-1} + \ldots$$
$$+2Ca_0 x^{C-1} + 2(C+1)a_1 x^C + 2(C+2)a_2 x^{C+1} + \ldots + 2(C+n)a_n x^{C+n-1} + \ldots$$
$$a_0 x^C + a_1 x^{C+1} + a_2 x^{C+2} + a_3 x^{C+3} + \ldots + a_n x^{C+n} + \ldots = 0$$

となる。ここで煩雑をさけるために次数の同じものの係数を取り出していってみよう。

まず x^{C-1} の項の係数は

$$4C(C-1)a_0 + 2Ca_0 = 4C\left(C - \frac{1}{2}\right)a_0$$

つぎに x^C の項の係数を見てみよう。すると

$$a_0 + 2(C+1)a_1 + 4C(C+1)a_1$$

x^{C+1} の項の係数は

$$a_1 + 2(C+2)a_2 + 4(C+1)(C+2)a_2$$

となっている。以下同様にして x^{C+n-1} の項の係数式は

$$a_{n-1} + 2(C+n)a_n + 4(C+n-1)(C+n)a_n$$

となる。よって係数としては

$$4C\left(C - \frac{1}{2}\right)a_0 = 0$$

$$a_0 + 2(C+1)a_1 + 4C(C+1)a_1 = 0$$
$$a_1 + 2(C+2)a_2 + 4(C+1)(C+2)a_2 = 0$$
$$\ldots..$$

第8章　級数展開法

$$a_{n-1} + 2(C+n)a_n + 4(C+n-1)(C+n)a_n = 0$$

という条件を満足する必要がある。

まず、最初の式において $a_0 \neq 0$ であるから

$$C = 0 \quad \text{あるいは} \quad C = \frac{1}{2}$$

となる。$C = 0$ はテーラー級数の場合に相当する。

つぎに係数間の関係は

$$a_1 = \frac{-a_0}{4C(C+1) + 2(C+1)}$$

$$a_2 = \frac{-a_1}{4(C+1)(C+2) + 2(C+2)}$$

$$a_3 = \frac{-a_2}{4(C+2)(C+3) + 2(C+3)}$$

$$\cdots\cdots$$

$$a_n = \frac{-a_{n-1}}{4(C+n-1)(C+n) + 2(C+n)}$$

となる。

ここで、$C = 0$ の場合の解をまず求めてみよう。すると

$$a_1 = \frac{-a_0}{2}$$

$$a_2 = \frac{-a_1}{8+4} = -\frac{a_1}{12} = \frac{a_0}{24}$$

$$a_3 = \frac{-a_2}{24+6} = -\frac{a_2}{30} = -\frac{a_0}{720}$$

となっていくが、一般式を少し変形してみよう。すると

$$a_n = \frac{-a_{n-1}}{4(n-1)n+2n} = -\frac{a_{n-1}}{2n(2n-1)} = \frac{a_{n-2}}{2n(2n-1)2(n-1)[2(n-2)+1]}$$

$$= \frac{a_{n-2}}{2n(2n-1)(2n-2)(2n-3)} = -\frac{a_{n-3}}{2n(2n-1)(2n-2)(2n-3)(2n-4)(2n-5)}$$

となって、結局

$$a_n = (-1)^n \frac{a_0}{(2n)!}$$

という一般式をつくることができる。したがって

$$y = a_0 \left(1 - \frac{x}{2!} + \frac{x^2}{4!} - \frac{x^3}{6!} + \ldots + (-1)^n \frac{x^n}{(2n)!} + \ldots \right)$$

が一般解となる。この解はフロベニウス級数ではなく、テーラー級数解を仮定してもえられる解である。

それでは、つぎに $C = 1/2$ の場合の解を考えてみよう。

$$a_1 = \frac{-a_0}{4C(C+1)+2(C+1)}$$

$$a_2 = \frac{-a_1}{4(C+1)(C+2)+2(C+2)}$$

$$a_3 = \frac{-a_2}{4(C+2)(C+3)+2(C+3)}$$

.....

$$a_n = \frac{-a_{n-1}}{4(C+n-1)(C+n)+2(C+n)}$$

であったから

$$a_1 = \frac{-a_0}{4\cdot(1/2)\cdot(3/2)+2(1/2+1)} = -\frac{a_0}{6}$$

$$a_2 = \frac{-a_1}{4(1/2+1)(1/2+2)+2(1/2+2)} = -\frac{a_1}{20} = \frac{a_0}{120}$$

$$a_3 = \frac{-a_2}{4(1/2+2)(1/2+3)+2(1/2+3)} = -\frac{a_2}{42} = -\frac{a_0}{5040}$$

となっていくが、ここでも一般式を見てみよう。この場合

$$a_n = \frac{-a_{n-1}}{4\left(\frac{1}{2}+n-1\right)\left(\frac{1}{2}+n\right)+2\left(\frac{1}{2}+n\right)} = \frac{-a_{n-1}}{(2n-1)(2n+1)+(2n+1)}$$

$$= \frac{-a_{n-1}}{2n(2n+1)} = \frac{a_{n-2}}{(2n+1)2n[2(n-1)+1]2(n-1)} = \frac{a_{n-2}}{(2n+1)2n(2n-1)(2n-2)}$$

と変形できる。よって一般式として

$$a_n = (-1)^n \frac{a_0}{(2n+1)!}$$

がえられる。よって一般解は

$$y = a_0 x^{\frac{1}{2}}\left(1 - \frac{x}{3!} + \frac{x^2}{5!} - \frac{x^3}{7!} + ... + (-1)^n \frac{x^n}{(2n+1)!} + ...\right)$$

となる。
　よって、表記の2階同次線形微分方程式の基本解としては

$$y = 1 - \frac{x}{2!} + \frac{x^2}{4!} - \frac{x^3}{6!} + \ldots + (-1)^n \frac{x^n}{(2n)!} + \ldots$$

$$y = x^{\frac{1}{2}} \left(1 - \frac{x}{3!} + \frac{x^2}{5!} - \frac{x^3}{7!} + \ldots + (-1)^n \frac{x^n}{(2n+1)!} + \ldots \right)$$

の組み合わせとなり、C_1, C_2 を任意定数として

$$y = C_1 \left(1 - \frac{x}{2!} + \frac{x^2}{4!} - \frac{x^3}{6!} + \ldots + (-1)^n \frac{x^n}{(2n)!} + \ldots \right)$$
$$+ C_2 x^{\frac{1}{2}} \left(1 - \frac{x}{3!} + \frac{x^2}{5!} - \frac{x^3}{7!} + \ldots + (-1)^n \frac{x^n}{(2n+1)!} + \ldots \right)$$

が一般解となる。

　テーラー級数解のみを仮定したのでは、2 項目が基本解としてえられない。よって、フロベニウス級数が必要となる。

　ところで、一般解はこのままでも良いが、少し工夫すると**初等関数** (elementary function) に置き換えることができる。ここで、三角関数の無限級数を思い出すと

$$\cos x = 1 - \frac{1}{2!} x^2 + \frac{1}{4!} x^4 - \frac{1}{6!} x^6 + \ldots + (-1)^n \frac{1}{(2n)!} x^{2n} + \ldots$$

$$\sin x = x - \frac{1}{3!} x^3 + \frac{1}{5!} x^5 - \frac{1}{7!} x^7 + \ldots + (-1)^n \frac{1}{(2n+1)!} x^{2n+1} + \ldots$$

であった。よって、x のかわりに $x^{1/2}$ を代入すると

$$\cos x^{\frac{1}{2}} = 1 - \frac{1}{2!} x + \frac{1}{4!} x^2 - \frac{1}{6!} x^3 + \ldots + (-1)^n \frac{1}{(2n)!} x^n + \ldots$$

$$\sin x^{\frac{1}{2}} = x^{\frac{1}{2}} - \frac{1}{3!} x^{\frac{3}{2}} + \frac{1}{5!} x^{\frac{5}{2}} - \frac{1}{7!} x^{\frac{7}{2}} + \ldots + (-1)^n \frac{1}{(2n+1)!} x^{\frac{2n+1}{2}} + \ldots$$

第 8 章　級数展開法

$$= x^{\frac{1}{2}}\left(1 - \frac{1}{3!}x^3 + \frac{1}{5!}x^5 - \frac{1}{7!}x^7 + ... + (-1)^n \frac{1}{(2n+1)!}x^n + ... \right)$$

となって、上の一般式の級数と一致する。よって一般解は

$$y = C_1 \cos x^{\frac{1}{2}} + C_2 \sin x^{\frac{1}{2}} = C_1 \cos \sqrt{x} + C_2 \sin \sqrt{x}$$

と書くことができる。

演習 8-3　つぎの微分方程式をフロベニウス法により解法せよ。

$$x^2 \frac{d^2 y}{dx^2} - 2x \frac{dy}{dx} + (x^2 + 2)y = 0$$

解）　微分方程式の級数解として

$$y = x^C f(x) = a_0 x^C + a_1 x^{C+1} + a_2 x^{C+2} + a_3 x^{C+3} + ... + a_n x^{C+n} + ...$$

を仮定する。すると

$$\frac{dy}{dx} = C a_0 x^{C-1} + (C+1)a_1 x^C + (C+2)a_2 x^{C+1}$$
$$+ (C+3)a_3 x^{C+2} + ... + (C+n)a_n x^{C+n-1} + ...$$

$$\frac{d^2 y}{dx^2} = C(C-1)a_0 x^{C-2} + (C+1)Ca_1 x^{C-1} + ... + (C+n)(C+n-1)a_n x^{C+n-2} + ...$$

となるので、微分方程式に代入すると

$$C(C-1)a_0x^C + (C+1)Ca_1x^{C+1} + (C+2)(C+1)a_2x^{C+2} + \dots$$
$$+ (C+n)(C+n-1)a_nx^{C+n} + \dots - 2Ca_0x^C - 2(C+1)a_1x^{C+1} - 2(C+2)a_2x^{C+2}$$
$$- 2(C+3)a_3x^{C+3} - \dots - 2(C+n)a_nx^{C+n} + \dots + a_0x^{C+2} + a_1x^{C+3} + a_2x^{C+4}$$
$$+ a_3x^{C+5} + \dots + a_nx^{C+n+2} + \dots + 2a_0x^C + 2a_1x^{C+1} + 2a_2x^{C+2}$$
$$+ 2a_3x^{C+3} + \dots + 2a_nx^{C+n} + \dots = 0$$

となる。

まず x^C の項の係数は

$$C(C-1)a_0 - 2Ca_0 + 2a_0 = (C^2 - 3C + 2)a_0$$

つぎに x^{C+1} の項の係数を見てみよう。すると

$$C(C+1)a_1 - 2(C+1)a_1 + 2a_1 = (C^2 - C)a_1$$

x^{C+2} の項の係数は

$$(C+1)(C+2)a_2 - 2(C+2)a_2 + a_0 + 2a_2 = a_0 + C(C+1)a_2$$

となる。

x^{C+3} の項の係数は

$$(C+2)(C+3)a_3 - 2(C+3)a_3 + a_1 + 2a_3 = a_1 + (C+1)(C+2)a_3$$

となる。

以下同様にして x^{C+n} の項の係数式は

$$(C+n-1)(C+n)a_n - 2(C+n)a_n + a_{n-2} + 2a_n = a_{n-2} + (C+n-2)(C+n-1)a_n$$

となる。よって係数としては

第8章　級数展開法

$$(C^2 - 3C + 2)a_0 = (C-1)(C-2)a_0 = 0$$
$$(C^2 - C)a_1 = C(C-1)a_1 = 0$$
$$a_0 + C(C+1)a_2 = 0$$
$$a_1 + (C+1)(C+2)a_3 = 0$$
$$\cdots\cdots$$
$$a_{n-2} + (C+n-2)(C+n-1)a_n = 0$$

という条件を満足する必要がある。

まず、最初の条件式から

$$C = 1 \quad \text{あるいは} \quad C = 2$$

となる必要がある。

ここで、$C=1$ の場合はつぎの式 $(C^2-C)a_1 = C(C-1)a_1 = 0$ も満足する。そして係数間の関係は

$$a_0 + 1 \cdot 2 a_2 = 0$$
$$a_1 + 2 \cdot 3 a_3 = 0$$
$$\cdots\cdots$$
$$a_{n-2} + (n-1)n a_n = 0$$

となるので

$$a_2 = -\frac{1}{1 \cdot 2} a_0$$

$$a_3 = -\frac{1}{2 \cdot 3} a_1$$

$$a_4 = -\frac{1}{3 \cdot 4} a_2 = \frac{1}{1 \cdot 2 \cdot 3 \cdot 4} a_0$$

$$a_5 = -\frac{1}{4 \cdot 5} a_3 = \frac{1}{2 \cdot 3 \cdot 4 \cdot 5} a_1$$

$$\cdots\cdots$$

$$a_{n-2} + (n-1)n a_n = 0$$

となる。よって、係数の一般式は偶数と奇数に分けて表記する必要があり、$n = 2m$ のときは

$$a_{2m} = \frac{(-1)^m}{(2m)!} a_0$$

$n = 2m+1$ のときは

$$a_{2m+1} = \frac{(-1)^m}{(2m+1)!} a_1$$

となる。よって一般解は

$$y = a_0 \left(x - \frac{1}{2!} x^3 + \frac{1}{4!} x^5 - \frac{1}{6!} x^7 + ... + \frac{(-1)^m}{(2m)!} x^{2m+1} + ... \right)$$
$$+ a_1 \left(x^2 - \frac{1}{3!} x^4 + \frac{1}{5!} x^6 - \frac{1}{7!} x^8 + ... + \frac{(-1)^m}{(2m+1)!} x^{2m+2} + ... \right)$$

と与えられる。

それぞれの展開式は、$\cos x$ および $\sin x$ の展開式に x を乗じたものとなっているので、一般解は

$$y = a_0 x \cos x + a_1 x \sin x$$

と書くこともできる。

それでは、つぎに $C = 2$ の場合について解を求めてみよう。このとき、

$$(C^2 - C) a_1 = C(C-1) a_1 = 0$$

という条件を満足するためには

$$a_1 = 0$$

第 8 章　級数展開法

でなければならないことがわかる。
　そのうえで、各係数間の関係を求めていくと

$$a_2 = -\frac{1}{2\cdot 3}a_0$$

$$a_3 = -\frac{1}{3\cdot 4}a_1 = 0$$

$$a_4 = -\frac{1}{4\cdot 5}a_2 = \frac{1}{2\cdot 3\cdot 4\cdot 5}a_0$$

$$a_5 = -\frac{1}{5\cdot 6}a_3 = 0$$

$$\cdots\cdots$$

となり、奇数項はすべて 0 となる。よって係数としては偶数項のみが残り、その一般式は

$$a_{2m} = \frac{(-1)^m}{(2m+1)!}$$

と与えられる。よって解は

$$y = a_0\left(x^2 - \frac{1}{3!}x^4 + \frac{1}{5!}x^6 - \frac{1}{7!}x^8 + \ldots + \frac{(-1)^m}{(2m+1)!}x^{2m+2} + \ldots\right)$$

この展開式は、先ほどと同様に

$$y = a_0 x\sin x$$

となる。
　以上より、**演習** 8-3 の 2 階同次線形微分方程式の基本解は

$$y = x\sin x \qquad y = x\cos x$$

であり、これら解は、それぞれ線形独立であるから、その一般解として

$$y = C_1 x \sin x + C_2 x \cos x$$

がえられる。

8.4. 解の存在

フロベニウス級数の導入によって、級数解法の適用範囲が飛躍的に拡大したが、かといって、この方法が万能というわけではない。

例として、次の微分方程式の解法をフロベニウスの方法で行ってみよう。

$$\frac{d^2 y}{dx^2} - \frac{1}{x^2}\frac{dy}{dx} = 0$$

級数解として

$$y = a_0 x^C + a_1 x^{C+1} + a_2 x^{C+2} + a_3 x^{C+3} + \ldots + a_n x^{C+n} + \ldots$$

を仮定すると

$$\frac{dy}{dx} = Ca_0 x^{C-1} + (C+1)a_1 x^C + (C+2)a_2 x^{C+1} + \ldots + (C+n)a_n x^{C+n-1} + \ldots$$

$$\frac{d^2 y}{dx^2} = C(C-1)a_0 x^{C-2} + (C+1)Ca_1 x^{C-1} + \ldots + (C+n)(C+n-1)a_n x^{C+n-2} + \ldots$$

となる。

微分方程式に代入すると

$$C(C-1)a_0 x^{C-2} + (C+1)Ca_1 x^{C-1} + \ldots + (C+n)(C+n-1)a_n x^{C+n-2} + \ldots$$
$$-Ca_0 x^{C-3} - (C+1)a_1 x^{C-2} - (C+2)a_2 x^{C-1} - \ldots - (C+n)a_n x^{C+n-3} - \ldots = 0$$

となる。すると最低次数は x^{C-3} となり、その係数は

$$-Ca_0 = 0$$

つぎは x^{C-2} で、その係数は

$$C(C-1)a_0 - (C+1)a_1 = 0$$

x^{C-1} の係数は

$$(C+1)Ca_1 - (C+2)a_2 = 0$$

となる。最初の式より

$$C = 0 \quad \text{あるいは} \quad a_0 = 0$$

となる。$C = 0$ のときは、それ以降の式より

$$a_1 = a_2 = a_3 = ... = a_n = 0$$

となるので、級数解は存在しない。
また $a_0 = 0$ のときは

$$a_1 = a_2 = a_3 = ... = a_n = 0$$

となり、この場合も解は存在しないことになる。
実は、結論からいうと、

$$\frac{d^2 y}{dx^2} + p(x)\frac{dy}{dx} + q(x)y = 0$$

という微分方程式において $p(x)$ は $1/x$ よりも高次、$q(x)$ は $1/x^2$ よりも高次の

項を持たないことがフロベニウス解が存在する条件となる。
　例えば

$$p(x) = \frac{1}{x^2}$$

の場合には、最も低次数の項が x^{c-3} となってしまい、ここから係数を決定する条件が始まってしまう。すると係数が定まらないのである。であるから、微分方程式を見て、この条件を満足しない場合には、級数解法を適用できないということになる。

第9章　演算子法

非同次の線形微分方程式の特殊解を求める方法に演算子法と呼ばれる方法がある。そこで、n 階非同次線形微分方程式の解法を復習してみよう。

$$\frac{d^n y}{dx^n} + f_{n-1}(x)\frac{d^{n-1} y}{dx^{n-1}} + \ldots + f_2(x)\frac{d^2 y}{dx^2} + f_1(x)\frac{dy}{dx} + f_0(x)y = Q(x)$$

のような非同次の n 階線形微分方程式の解法は同次方程式の解を利用して解くことができる。この非同次線形微分方程式に対応した同次方程式

$$\frac{d^n y}{dx^n} + f_{n-1}(x)\frac{d^{n-1} y}{dx^{n-1}} + \ldots + f_2(x)\frac{d^2 y}{dx^2} + f_1(x)\frac{dy}{dx} + f_0(x)y = 0$$

の一般解を

$$y = C_1 y_1(x) + C_2 y_2(x) + C_3 y_3(x) + \ldots + C_{n-1} y_{n-1}(x) + C_n y_n(x)$$

とする。

ここで、仮に非同次方程式を満足する解 $v(x)$ が、何らかの方法で見つかったとしよう。すると

$$y = C_1 y_1(x) + C_2 y_2(x) + \ldots + C_{n-1} y_{n-1}(x) + C_n y_n(x) + v(x)$$

は非同次方程式の解となる。しかも、この解は n 個の任意定数を含んでいるから、n 階の非同次方程式の一般解となる。結局、何でもいいから、非同

次方程式を満足する解が 1 個でも見つかれば、それを同次方程式の一般解に足し合わせることで、非同次方程式の一般解がえられるということになる。よって、いかに非同次方程式の特殊解を見つけるかが重要となる。この方法のひとつに演算子法と呼ばれる手法がある。

9.1. 演算子

演算子法について説明する前に、簡単に**演算子** (operator) という考え方を復習しておこう。

例えば、y が x の関数であるとき

$$y = f(x) = ax^2 + bx + c$$

と書く。このとき、x という独立変数が与えられると、この変換によって y がえられる。つまり、x にある演算を施すと y となる。よって、f を演算子とみなすこともできる。

ただし、通常使われる演算子は、ある関数に何か作用を加えて別な関数をつくりだすものを指すことが多い。例えば、積分を考えてみよう。このとき

$$\int f(x)dx = \int (ax^2 + bx + c)dx = \frac{a}{3}x^3 + \frac{b}{2}x^2 + cx + C$$

となり、関数

$$f(x) = ax^2 + bx + c$$

に作用して、別の関数

$$F(x) = \frac{a}{3}x^3 + \frac{b}{2}x^2 + cx + C$$

をつくり出しているので、積分は演算子の一種である。

同様にして、微分も

$$\frac{d}{dx}[f(x)] = 2ax + b$$

となって、$f(x)$に作用して、新たな関数

$$f'(x) = 2ax + b$$

をつくり出すので、微分も演算子の一種となる。

ここで演算子としてTという記号を使う。すると

$$T[f(x)] = F(x)$$

と書くことができる。ここで、つぎのような性質を有する演算子を**線形演算子** (linear operator) と呼んでいる。

$$T[af(x)] = aT[f(x)]$$
$$T[f(x) + g(x)] = T[f(x)] + T[g(x)]$$

ちなみに微分操作を演算子とみなすと、線形演算子となることが容易に確認できる。実際に微分を行ってみると

$$\frac{d[af(x)]}{dx} = a\frac{df(x)}{dx}$$

$$\frac{d[f(x) + g(x)]}{dx} = \frac{df(x)}{dx} + \frac{dg(x)}{dx}$$

となって線形演算子の条件を満足することは自明であろう。

つぎに演算子が複数ある場合を考えてみよう。例えば、2種類の線形演算

子があって、それぞれをある関数 $f(x)$ に作用させたとしよう。すると

$$T_1[f(x)], \quad T_2[f(x)]$$

と書くことができる。つぎに、関数 $f(x)$ に作用させて、これらの和となる新しい関数をつくり出す演算子を考える。すると、それは

$$T[f(x)] = T_1[f(x)] + T_2[f(x)] = (T_1 + T_2)[f(x)]$$

と書けることがわかる。これを演算子の和と呼んでいる。

　これから容易に演算子の差も定義できて

$$(T_1 - T_2)[f(x)] = T_1[f(x)] - T_2[f(x)]$$

となることがわかる。また、演算子の和の式において $T_1 = T_2$ とすると

$$(2T_1)[f(x)] = 2T_1[f(x)]$$

となり、一般的に

$$(aT_1)[f(x)] = aT_1[f(x)]$$

が成立することもわかる。

　つぎに演算の積について考えてみよう。ある関数 $f(x)$ に、演算子 T_1 を作用させると

$$T_1[f(x)]$$

となる。この関数に、さらに演算子 T_2 を施すと

$$T_2[T_1[f(x)]]$$

となるが、関数 $f(x)$ に作用させて、上の関数をつくり出す演算子を

$$T_2T_1[f(x)] = T_2\bigl[T_1[f(x)]\bigr]$$

と定義すると、T_2T_1 が演算子の積となる。ただし、演算子の積については交換法則が成立しない場合があるので注意する。

ここで、T_1 を作用したあとで T_2 を作用させたら、もとの関数に戻ったとしよう。つまり

$$T_2\bigl[T_1[f(x)]\bigr] = f(x)$$

すると

$$T_2\bigl[T_1[f(x)]\bigr] = T_2T_1[f(x)] = f(x)$$

のような演算子の積となるので

$$T_2T_1 = 1$$

となる。このとき

$$T_2 = T_1^{-1} = \frac{1}{T_1}$$

と書いて、T_1 の**逆演算子** (inverse operator) と呼んでいる。

9.2. 微分と演算子

微分操作が線形演算子となることを説明した。ここで、微分操作を演算子 D に対応させてみよう。すると

$$D[f(x)] = \frac{df(x)}{dx}$$

となるが、これを少し書き換えて

$$D[f(x)] = \frac{d}{dx}[f(x)]$$

と表記すると、D と d/dx が対応することになる。よって、D を **微分演算子** (differential operator) と呼んでいる。記号 D は differential に由来する。

ここで、さらにもう一回微分を施してみよう。すると

$$D[D[f(x)]] = \frac{d}{dx}\left(\frac{df(x)}{dx}\right)$$

となる。積の定義を用いると

$$DD[f(x)] = D^2[f(x)] = \frac{d}{dx}\frac{d}{dx}[f(x)] = \frac{d^2}{dx^2}[f(x)]$$

となって

$$D^2 = \frac{d^2}{dx^2}$$

となり、同様にして

$$D^n = \frac{d^n}{dx^n}$$

となることもわかる。つまり、n 階の微分は、微分演算子の n 乗に対応することになる。

つぎに積分について考えてみよう。

第 9 章　演算子法

$$F(x) = \int f(x)dx$$

という関係にあるとすると、微分演算子を使うと

$$f(x) = D[F(x)]$$

という関係にある。ここで、両辺に D の逆演算子 D^{-1} をかけると

$$D^{-1}[f(x)] = D^{-1}D[F(x)] = F(x)$$

となって、積分操作は微分操作の逆演算子となることがわかる。

9.3.　微分方程式への応用

ここで、微分演算子を利用した場合の微分方程式の解法について考えてみる。対象となるのは、非同次の線形微分方程式である。よって、次のような 2 階の非同次線形微分方程式

$$\frac{d^2y}{dx^2} + a_1\frac{dy}{dx} + a_0y = Q(x)$$

を取り扱う。この方程式を微分演算子を使って書くと

$$D^2[y] + a_1D[y] + a_0[y] = Q(x)$$

となるが

$$D^2 + a_1D + a_2 = \phi(D)$$

を新たな演算子とみなせば

$$(D^2 + a_1 D + a_2)[y] = \phi(D)[y] = Q(x)$$

と表現することができる。これは、演算子の和に相当する。

すると、形式的ではあるが

$$\frac{1}{\phi(D)}[Q(x)] = \frac{1}{\phi(D)}[\phi(D)[y]] = y$$

となるので、非同次項の $Q(x)$ に $1/\phi(D)$ という演算を作用させれば特殊解 y がえられることになる。

かたちだけ見れば、いとも簡単に特殊解がえられている。問題は $1/\phi(D)$ という演算をどのようにするかである。一般には、逆演算子の計算は、それほど簡単ではない。ただし、非同次項があるかたちをしている場合には、この逆演算が容易にでき、その結果、特殊解 y が簡単にえられる場合がある。それを、まず紹介しよう。

9.3.1. 非同次項が $\exp(kx)$ の場合

まず取りかかりとして
$$\phi(D) = D^2 + a_1 D + a_2$$

という演算子を関数

$$y = \exp(kx)$$

に作用させてみよう。すると

$$D[\exp(kx)] = k\exp(kx)$$

$$D^2[\exp(kx)] = D[D[\exp(kx)]] = D[k\exp(kx)] = k^2 \exp(kx)$$

となるので

$$\phi(D)\bigl[\exp(kx)\bigr] = k^2 \exp(kx) + a_1 k \exp(kx) + a_2 \exp(kx) = (k^2 + a_1 k + a_2)\exp(kx)$$

となる。よって

$$\phi(D)\bigl[\exp(kx)\bigr] = \phi(k)\exp(kx)$$

したがって

$$\exp(kx) = \frac{1}{\phi(D)}\bigl[\phi(k)\exp(kx)\bigr]$$

より

$$\frac{1}{\phi(D)}\bigl[\exp(kx)\bigr] = \frac{\exp(kx)}{\phi(k)}$$

という関係がえられる。いまの場合 $\phi(D)$ は 2 次式であったが、この関係は一般の n 次式の場合にも成立することが容易にわかる。つまり、逆演算は、単に D に k を代入して $\exp(kx)$ を除したものとなる。

この関係を利用すると、つぎの微分方程式の特殊解を即座に求めることができる。

$$\frac{d^2 y}{dx^2} - 3\frac{dy}{dx} + 2y = \exp(5x)$$

この微分方程式は、微分演算子を使って書くと

$$(D^2 - 3D + 2)[y] = \exp(5x)$$

となる。よって

$$y = \frac{1}{D^2 - 3D + 2}\bigl[\exp(5x)\bigr]$$

となる。いま見たように

$$\frac{1}{D^2-3D+2}[\exp(5x)] = \frac{\exp(5x)}{5^2-3\cdot 5+2} = \frac{\exp(5x)}{12}$$

であるから、ただちに

$$y = \frac{\exp(5x)}{12}$$

が特殊解となることがわかる。

後は、同次方程式を解いて、その一般解に、演算子法でえられた特殊解を加えれば非同次方程式の一般解を求めることができる。

演習 9-1 つぎの非同次線形微分方程式の特殊解を求めよ。

$$\frac{d^4y}{dx^4} - 2\frac{d^3y}{dx^3} + 3\frac{dy}{dx} - y = \exp(2x)$$

解) 微分演算子を使って書き直すと

$$(D^4 - 2D^3 + 3D - 1)[y] = \exp(2x)$$

よって、特殊解は

$$y = \frac{1}{D^4 - 2D^3 + 3D - 1}[\exp(2x)]$$

となる。よって

$$y = \frac{\exp(2x)}{2^4 - 2 \cdot 2^3 + 3 \cdot 2 - 1} = \frac{\exp(2x)}{5}$$

が特殊解となる。

以上のように非同次項が $\exp(kx)$ というかたちをしている場合には、演算子法を使うと、どんなに高解の微分方程式であっても特殊解がたちどころにえられる。それでは

$$\frac{1}{\phi(D)}[\exp(kx)] = \frac{\exp(kx)}{\phi(k)}$$

において $k=0$ の場合はどうであろうか。このとき

$$\frac{1}{\phi(D)}[\exp(0x)] = \frac{\exp(0x)}{\phi(0)} = \frac{1}{\phi(0)}$$

となり定数項の逆演算は

$$\frac{1}{\phi(D)}[1] = \frac{1}{\phi(0)}$$

となる。

演習 9-2 つぎの非同次線形微分方程式の特殊解を求めよ。

$$\frac{d^4 y}{dx^4} - 2\frac{d^3 y}{dx^3} + 3\frac{dy}{dx} - y = 5$$

解）　微分演算子を使って書き直すと

$$(D^4 - 2D^3 + 3D - 1)[y] = 5\exp(0x)$$

よって、特殊解は

$$y = \frac{1}{D^4 - 2D^3 + 3D - 1}[5\exp(0x)]$$

となる。よって

$$y = \frac{5\exp(0x)}{0^4 - 2\cdot 0^3 + 3\cdot 0 - 1} = -5$$

が特殊解となる。

　ここでは、このような手法を使わなくとも $y=-5$ が特殊解であることは、明らかである。しかし、$\exp(kx)$ の逆演算の手法が定数項にも適用できるという事実は重要である。
　それでは三角関数の場合はどうであろうか。実はオイラーの公式

$$\exp(ikx) = \cos kx + i\sin kx$$

を利用すると、演算子法に容易に対応できる。
　例えば

$$\frac{1}{D+1}[\cos kx]$$

第 9 章　演算子法

を計算したいとしよう。そのときは

$$\frac{1}{D+1}[\cos kx] + \frac{1}{D+1}[i\sin kx]$$

のように $i\sin x$ の項も一緒に足してしまう。すると

$$\frac{1}{D+1}[\cos kx] + \frac{1}{D+1}[i\sin kx] = \frac{1}{D+1}[\exp(ikx)]$$

となるので公式が適用できる。すると

$$\frac{1}{D+1}[\exp(ikx)] = \frac{\exp(ikx)}{(ik)+1}$$

となる。有理化すると

$$\frac{\exp(ikx)}{1+(ik)} = \frac{1-(ik)}{1+k^2}\exp ikx = \frac{1-ik}{k^2+1}(\cos kx + i\sin kx)$$

$$= \frac{1}{k^2+1}(\cos kx + k\sin kx) - \frac{i}{k^2+1}(k\cos kx - \sin kx)$$

この実部を見ると

$$\frac{1}{k^2+1}(\cos kx + k\sin kx)$$

となっている。よって

$$\frac{1}{D+1}[\cos kx] = \frac{1}{k^2+1}(\cos kx + k\sin kx)$$

となる。この場合、虚部をみると

$$\frac{1}{D+1}[\sin kx] = -\frac{1}{k^2+1}(k\cos kx - \sin kx)$$

ということもわかる。

演習 9-3 つぎの非同次線形微分方程式の特殊解を求めよ。

$$\frac{d^2y}{dx^2} + y = \cos 2x$$

解) 微分方程式として

$$\frac{d^2y}{dx^2} + y = \exp(i2x)$$

を考える。微分演算子を使うと

$$(D^2+1)[y] = \exp(i2x)$$

よって、特殊解は

$$y = \frac{1}{D^2+1}[\exp(i2x)]$$

となる。公式を利用すると

$$y = \frac{1}{(2i)^2 + 1}[\exp(i2x)] = \frac{\exp(i2x)}{-4+1} = -\frac{\exp(i2x)}{3} = -\frac{\cos 2x}{3} - i\frac{\sin 2x}{3}$$

求める解は、この実部であるから、表記の微分方程式の特殊解は

$$y = -\frac{\cos 2x}{3}$$

となる。

9.3.2. 逆演算子の計算方法

微分演算子 D を用いると、非同次線形微分方程式の非同次項を $Q(x)$ とすれば、方程式の特殊解 y は

$$y = \frac{1}{\phi(D)}[Q(x)]$$

という簡単な式で与えられる。ただし問題は $1/\phi(D)$ という演算が可能かどうかである。非同次項が $\exp(kx)$ のかたちをしている場合には、前節で見たように、この演算は非常に簡単であったが、通常はそううまくいかない。

そこで、まず基本形として

$$\phi(D) = D - \alpha$$

という1次式について考えてみよう。

この演算を関数 $y = f(x)$ に施すと

$$\phi(D)[f(x)] = (D - \alpha)[f(x)] = D[f(x)] - \alpha[f(x)] = \frac{df(x)}{dx} - \alpha f(x)$$

となる。ただし、われわれが欲しいのは、その逆演算である。すなわち

としたとき

$$\frac{1}{\phi(D)}\phi(D)[f(x)] = \frac{1}{\phi(D)}[F(x)]$$

より

$$f(x) = \frac{1}{\phi(D)}[F(x)]$$

となる。この右辺の演算子の働きを知りたいのである。ただし

$$F(x) = \frac{df(x)}{dx} - \alpha f(x)$$

である。
　ここで、下準備として

$$\phi(D) = D - \alpha$$

という演算子がどのようなものかを、まず見てみよう。ここで、少し仕掛けを使う。いま、関数 $f(x)$ に $\exp(-\alpha x)$ をかけて微分してみよう。すると

$$\frac{d}{dx}[\exp(-\alpha x)f(x)] = -\alpha \exp(-\alpha x)f(x) + \exp(-\alpha x)\frac{df(x)}{dx}$$

となって整理すると

$$\frac{d}{dx}[\exp(-\alpha x)f(x)] = \exp(-\alpha x)\left(\frac{df(x)}{dx} - \alpha f(x)\right)$$

のように、右辺のかっこの中は、うまい具合に、この演算子を施したとき

第9章　演算子法

の結果となっている。つまり

$$\frac{d}{dx}[\exp(-\alpha x)f(x)] = \exp(-\alpha x)F(x)$$

となって

$$\exp(\alpha x)\frac{d}{dx}[\exp(-\alpha x)f(x)] = F(x)$$

この式の意味するところは、関数 $f(x)$ に $\exp(-\alpha x)$ をかけて微分し、さらに $\exp(\alpha x)$ をかける操作が $D-\alpha$ という演算に相当するということである。

微分演算子を使って表現すると

$$\exp(\alpha x)D[\exp(-\alpha x)f(x)] = F(x)$$

となるから

$$(D-\alpha)[f(x)] = \exp(\alpha x)D[\exp(-\alpha x)f(x)]$$

となる。これが、$D-\alpha$ という演算子の働きである。微分演算子から定数を引いただけなのに、かなり様相が違ってきている。

ただし、われわれが知りたいのは、この逆演算子である。つまり

$$f(x) = \frac{1}{\phi(D)}[F(x)] = \frac{1}{D-\alpha}[F(x)]$$

の右辺の結果が知りたいのである。

ここで、先ほど求めた

$$\frac{d}{dx}[\exp(-\alpha x)f(x)] = \exp(-\alpha x)F(x)$$

という関係を利用する。両辺を積分すると

$$\exp(-\alpha x)f(x) = \int \exp(-\alpha x)F(x)dx$$

となり、結局

$$f(x) = \exp(\alpha x)\int \exp(-\alpha x)F(x)dx$$

という関係がえられる。当然のことながら、逆演算には積分が入り

$$\frac{1}{D-\alpha}[F(x)] = \exp(\alpha x)\int \exp(-\alpha x)F(x)dx$$

となる。

$$\frac{1}{D}[F(x)] = \int F(x)dx$$

という逆演算と比べると、少し煩雑ではあるが、これで $1/(D-\alpha)$ という演算子の作用を知ることができた。

同様にして

$$\frac{1}{D+\alpha}[F(x)] = \exp(-\alpha x)\int \exp(\alpha x)F(x)dx$$

という関係がえられるのは自明であろう。

第 9 章　演算子法

> **演習 9-4**　つぎの微分方程式を演算子を利用して解法せよ。
> $$\frac{dy}{dx} + y = x + 1$$

解）　微分方程式を微分演算子を使って書くと

$$(D+1)[y] = x+1$$

よって、y は

$$y = \frac{1}{D+1}[x+1] = \exp(-x)\int (\exp x)(x+1)dx$$

$$= \exp(-x)\int \{x(\exp x) + \exp x\}dx$$

となる。
　ここで、部分積分を利用すると

$$\int x\exp(x)dx = x\exp(x) - \int \exp(x)dx = x\exp(x) - \exp(x) + C$$

であるから

$$y = \exp(-x)(x\exp(x) + C_1) \qquad (C_1：定数)$$

よって解は

$$y = C_1\exp(-x) + x$$

となる。

演習 9-5 つぎの微分方程式を演算子法を利用して特殊解を求めよ。

$$\frac{d^2y}{dx^2} - 4y = \exp(3x)$$

解) 微分方程式を微分演算子を使って書くと

$$(D^2 - 4)[y] = \exp(3x)$$

よって、y は

$$y = \frac{1}{D^2 - 4}[\exp(3x)] = \frac{1}{(D+2)(D-2)}[\exp(3x)]$$

となる。

ここで、まず

$$\frac{1}{(D-2)}[\exp(3x)]$$

を計算してみよう。

すると

$$\frac{1}{(D-2)}[\exp(3x)] = \exp(2x)\int \exp(-2x)\exp(3x)dx = \exp(2x)\int \exp(x)dx$$

$$= \exp(2x)(\exp x + C_1) \cdot \exp 3x + C_1 \exp 2x$$

となる。よって

$$\frac{1}{(D+2)(D-2)}[\exp(3x)] = \frac{1}{(D+2)}[\exp(3x) + C_1 \exp(2x)]$$

第 9 章　演算子法

$$= \exp(-2x) \int \exp(2x) \{\exp(3x) + C_1 \exp(2x)\} dx$$

$$= \exp(-2x) \left(\frac{\exp(5x)}{5} + \frac{C_1}{4} \exp(4x) + C_2 \right)$$

となる。整理すると

$$y = \frac{\exp(3x)}{5} + \frac{C_1 \exp(2x)}{4} + C_2 \exp(-2x)$$

という解がえられる。

ただし、この場合は非同次項が $\exp(3x)$ というかたちをしているので、前節の結果を利用すれば

$$y = \frac{1}{D^2 - 4}[\exp(3x)] = \frac{1}{3^2 - 4} \exp(3x) = \frac{\exp(3x)}{5}$$

という特殊解がたちどころにえられる。

いまの場合は同次方程式

$$\frac{d^2 y}{dx^2} - 4y = 0$$

の特性方程式は

$$\lambda^2 - 4 = (\lambda + 2)(\lambda - 2) = 0$$

であるから、一般解は

$$y = C_1 \exp(2x) + C_2 \exp(-2x)$$

となり、表記の微分方程式の一般解は

$$y = C_1 \exp(2x) + C_2 \exp(-2x) + \frac{\exp(3x)}{5}$$

となる。

演習9-6 つぎの微分方程式を演算子を利用して特殊解を求めよ。

$$\frac{d^2 y}{dx^2} - 4\frac{dy}{dx} + 3y = x + \exp(5x)$$

解) 微分方程式を微分演算子を使って書くと

$$(D^2 - 4D + 3)[y] = x + \exp(5x)$$

よって、y は

$$y = \frac{1}{D^2 - 4D + 3}[x + \exp(5x)] = \frac{1}{(D-1)(D-3)}[x + \exp(5x)]$$

となる。
　ここで、まず

$$\frac{1}{(D-3)}[x + \exp(5x)]$$

を計算してみよう。
　すると

第9章　演算子法

$$\frac{1}{(D-3)}[x+\exp(5x)] = \exp(3x)\int \exp(-3x)(x+\exp(5x))dx$$

$$= \exp(3x)\int (x\exp(-3x)+\exp(2x))dx$$

$$= \exp(3x)\left(-\frac{x\exp(-3x)}{3}-\frac{\exp(-3x)}{9}+\frac{\exp(2x)}{2}+C_1\right)$$

$$= \frac{\exp(5x)}{2}+C_1\exp(3x)-\frac{x}{3}-\frac{1}{9}$$

となる。よって

$$y = \frac{1}{(D-1)(D-3)}[x+\exp(5x)] = \frac{1}{D-1}\left[\frac{\exp(5x)}{2}+C_1\exp(3x)-\frac{x}{3}-\frac{1}{9}\right]$$

$$= \exp(x)\int \exp(-x)\left(\frac{\exp(5x)}{2}+C_1\exp(3x)-\frac{x}{3}-\frac{1}{9}\right)dx$$

よって

$$y = \exp(x)\left(\frac{\exp(4x)}{8}+\frac{C_1}{2}\exp(2x)+\frac{1}{3}x\exp(-x)-\frac{4}{9}\exp(-x)+C_2\right)$$

となる。整理すると

$$y = \frac{\exp(5x)}{8}+\frac{C_1}{2}\exp(3x)+\frac{x}{3}-\frac{4}{9}+C_2 e^x$$

という解がえられる。($C_1, C_2, C_3,$: 定数)

この節で解説したのは、D が 1 次式の場合の逆演算であったが、$\phi(D)$ が 1

次式に因数分解できる場合には、演習で紹介したように、1次式の逆演算を繰り返すことで解をえることができる。ただし、それ以外の場合には解をえることが難しいことも肝に銘じておくべきであろう。

9.3.3. 非同次項が x の多項式の場合

それでは、つぎに非同次項が x の多項式の場合の逆演算を考えてみよう。まず簡単な例として

$$\frac{1}{D+1}[x+1]$$

という演算を行ってみよう。前節の結果を利用すると

$$\frac{1}{D+1}[x+1] = \exp(-x)\int (\exp x)(x+1)dx$$

よって

$$\frac{1}{D+1}[x+1] = \exp(-x)\{x\exp(x) + C_1\} = x + C_1\exp(-x)$$

となる。

それでは

$$\frac{1}{D+1}[x^2 + x + 1]$$

はどうであろうか。この場合も前節の結果を利用すると

$$\frac{1}{D+1}[x^2 + x + 1] = \exp(-x)\int \exp(x)(x^2 + x + 1)dx$$

となる。ここで部分積分を2回利用すると

第 9 章　演算子法

$$\int x^2 \exp(x)dx = x^2 \exp(x) - 2\int x \exp(x)dx = x^2 \exp(x) - 2\left(x\exp(x) - \int \exp(x)dx\right)$$
$$= x^2 \exp(x) - 2x\exp(x) + 2\exp(x)$$

と積分できるので

$$\frac{1}{D+1}[x^2 + x + 1]$$
$$= \exp(-x)[\{x^2 \exp(x) - 2x\exp(x) + 2\exp(x)\} + \{x\exp(x) - \exp(x)\} + \exp(x)]$$
$$= x^2 - x + 2$$

となる。ただし定数項は省略している。

　このように、$Q(x)$ が多項式の場合は、前節で紹介した方法を使えば、計算が可能である。しかし、次数が大きくなると積分の数がやたらと増えて計算が膨大になる。実は、多項式に演算を施す場合には、非常に便利な方法がある。

　その前に、級数展開の式を思い出して欲しい。

$$\frac{1}{1-x} = 1 + x + x^2 + x^3 + x^4 + \ldots + x^n + \ldots$$

$$\frac{1}{1+x} = 1 - x + x^2 - x^3 + x^4 - \ldots + (-1)^n x^n + \ldots$$

のように無限級数に展開できる。

　実は、微分演算子も同様に

$$\frac{1}{1-D} = 1 + D + D^2 + D^3 + D^4 + \ldots + D^n + \ldots$$

と級数展開できるのである。

　そんなばかなと思われそうだが、これで問題ない。実際に

$$\frac{1}{D+1}[x^2+x+1]$$

という演算に、級数展開を適用してみよう。すると

$$\frac{1}{D+1}[x^2+x+1]=(1-D+D^2-D^3+D^4+...)[x^2+x+1]$$

となるが

$$D^3[x^2+x+1]=0$$

となり、それよりも D の高次の項はすべて 0 となるので

$$(1-D+D^2-D^3+D^4+...)[x^2+x+1]=(1-D+D^2)[x^2+x+1]$$

となる。

これを計算すると

$$\begin{aligned}(1-D+D^2)[x^2+x+1]&=(x^2+x+1)-D[x^2+x+1]+D^2[x^2+x+1]\\&=(x^2+x+1)-(2x+1)+2=x^2-x+2\end{aligned}$$

となって、先ほど計算したのと全く同じ解がえられる。

この展開式を利用すると、例えば前節で取り扱った $1/(D-\alpha)$ という逆演算子は

$$\frac{1}{D-\alpha}=-\frac{1}{\alpha-D}=-\frac{1}{\alpha}\frac{1}{1-\dfrac{D}{\alpha}}$$

と変形できるので

第 9 章　演算子法

$$\frac{1}{1-\dfrac{D}{\alpha}} = 1 + \frac{D}{\alpha} + \left(\frac{D}{\alpha}\right)^2 + \left(\frac{D}{\alpha}\right)^3 + \left(\frac{D}{\alpha}\right)^4 + \ldots + \left(\frac{D}{\alpha}\right)^n + \ldots$$

という展開式にすることで

$$\frac{1}{D-\alpha} = -\frac{1}{\alpha}\frac{1}{1-\dfrac{D}{\alpha}} = -\frac{1}{\alpha}\left\{1 + \frac{D}{\alpha} + \left(\frac{D}{\alpha}\right)^2 + \left(\frac{D}{\alpha}\right)^3 + \left(\frac{D}{\alpha}\right)^4 + \ldots + \left(\frac{D}{\alpha}\right)^n + \ldots\right\}$$

と変形することで関数に作用させることができる。

　ただし、この方法は無限に微分が可能である指数関数や三角関数には適用できないことに注意する必要がある。

演習 9-7　つぎの演算結果を求めよ。

$$\frac{1}{D-2}[x^2 + 3x + 2]$$

解）　演算子を変形すると

$$\frac{1}{D-2} = -\frac{1}{2}\left(1 + \frac{D}{2} + \frac{D^2}{4} + \frac{D^3}{9} + \ldots\right)$$

となる。2 次式なので D^2 の項までで十分であるから

$$\frac{1}{D-2}[x^2 + 3x + 2] = \left(-\frac{1}{2}\right)\left(1 + \frac{D}{2} + \frac{D^2}{4}\right)[x^2 + 3x + 2]$$

$$= \left(-\frac{1}{2}\right)\left((x^2+3x+2)+\frac{2x+3}{2}+\frac{2}{4}\right) = \left(-\frac{1}{2}\right)(x^2+4x+4) = -\frac{x^2}{2}-2x-2$$

と計算できる。

演習 9-8 つぎの演算結果を求めよ。

$$\frac{1}{D^2-3D+2}[x^2+3x+2]$$

解) 演算子を変形すると

$$\frac{1}{D^2-3D+2} = \frac{1}{(D-1)(D-2)}$$

と因数分解できる。
　よって、$1/(D-2)$ という演算を施したのち、その結果に $1/(D-1)$ という演算を施せばよい。まず

$$\frac{1}{D-2}[x^2+3x+2] = -\frac{x^2}{2}-2x-2$$

と計算できる。ここで

$$\frac{1}{D-1} = -\left(1+D+D^2+D^3+\ldots\right)$$

となるが、2次式なので D^2 の項までで十分であるから

$$\frac{1}{D-1}\left[-\frac{x^2}{2}-2x-2\right] = -(1+D+D^2)\left[-\frac{x^2}{2}-2x-2\right]$$

$$= \frac{x^2}{2} + 2x + 2 + x + 2 + 1 = \frac{x^2}{2} + 3x + 5$$

となり

$$\frac{1}{D^2 - 3D + 2}[x^2 + 3x + 2] = \frac{x^2}{2} + 3x + 5$$

と与えられる。

演習 9-9 つぎの微分方程式の特殊解を求めよ。

$$\frac{d^2 y}{dx^2} + 4\frac{dy}{dx} + 3y = x^2$$

解) 演算子で表示すると

$$(D^2 + 4D + 3)[y] = x^2$$

となる。よって特殊解は

$$y = \frac{1}{D^2 + 4D + 3}[x^2] = \frac{1}{(D+3)(D+1)}[x^2]$$

まず

$$\frac{1}{D+1}[x^2] = (1 - D + D^2)[x^2] = x^2 - 2x + 2$$

となる。つぎに

$$\frac{1}{D+3} = \frac{1}{3}\frac{1}{1+\frac{D}{3}} = \frac{1}{3}\left(1 - \frac{D}{3} + \frac{D^2}{9} - \frac{D^3}{27} + ...\right)$$

となるが、2次式なので D^2 の項までで十分であるから

$$\frac{1}{D+3}[x^2 - 2x + 2] = \frac{1}{3}\left(1 - \frac{D}{3} + \frac{D^2}{9}\right)[x^2 - 2x + 2]$$

$$= \frac{1}{3}\left(x^2 - 2x + 2 - \frac{2x-2}{3} + \frac{2}{9}\right) = \frac{x^2}{3} - \frac{8}{9}x + \frac{26}{27}$$

微分方程式の特殊解は

$$y = \frac{x^2}{3} - \frac{8}{9}x + \frac{26}{27}$$

と与えられる。

9.3.4. 非同次項が $\exp(kx)f(x)$ の場合

それでは、つぎに非同次項が $\exp(kx)f(x)$ というかたちをしている場合の逆演算を考えてみよう。

まず

$$\frac{d}{dx}[\exp(kx)f(x)] = k\exp(kx)f(x) + \exp(kx)\frac{df(x)}{dx}$$

これを微分演算子を使って書くと

$$D[\exp(kx)f(x)] = k\exp(kx)f(x) + \exp(kx)D[f(x)] = \exp(kx)(D+k)[f(x)]$$

となる。結果だけ取り出すと

第 9 章 演算子法

$$D[\exp(kx)f(x)] = \exp(kx)(D+k)[f(x)]$$

となる。

両辺に、さらに D を作用させると左辺は

$$D[D[\exp(kx)f(x)]] = D^2[\exp(kx)f(x)]$$

となり、右辺は

$$D[\exp(kx)(D+k)[f(x)]] = k\exp(kx)(D+k)[f(x)] + \exp(kx)D(D+k)[f(x)]$$
$$= \exp(kx)(D+k)(D+k)[f(x)] = \exp(kx)(D+k)^2[f(x)]$$

となる。よって

$$D^2[\exp(kx)f(x)] = \exp(kx)(D+k)^2[f(x)]$$

となる。さらに両辺に D を作用させると

$$D^3[\exp(kx)f(x)] = \exp(kx)(D+k)^3[f(x)]$$

となり、一般式として

$$D^n[\exp(kx)f(x)] = \exp(kx)(D+k)^n[f(x)]$$

という関係がえられる。

したがって

$$\phi(D) = D^2 + a_1 D + a_0$$

とすると

$$\phi(D)\bigl[\exp(kx)f(x)\bigr] = (D^2 + a_1 D + a_0)\bigl[\exp(kx)f(x)\bigr]$$
$$= D^2\bigl[\exp(kx)f(x)\bigr] + a_1 D\bigl[\exp(kx)f(x)\bigr] + a_0\bigl[\exp(kx)f(x)\bigr]$$
$$= \exp(kx)(D+k)^2\bigl[f(x)\bigr] + \exp(kx)a_1(D+k)\bigl[f(x)\bigr] + \exp(kx)a_0\bigl[f(x)\bigr]$$
$$= \exp(kx)\bigl((D+k)^2 + a_1(D+k) + a_0\bigr)\bigl[f(x)\bigr] = \exp(kx)\phi(D+k)\bigl[f(x)\bigr]$$

となる。これは、一般の n 次方程式にも簡単に拡張できる。よって

$$\phi(D)\bigl[\exp(kx)f(x)\bigr] = \exp(kx)\phi(D+k)\bigl[f(x)\bigr]$$

という関係が成立することになる。これより

$$\exp(kx)f(x) = \frac{1}{\phi(D)}\bigl[\exp(kx)\phi(D+k)\bigl[f(x)\bigr]\bigr]$$

となる。ここで

$$\phi(D+k)\bigl[f(x)\bigr] = F(x)$$

と置くと

$$f(x) = \frac{1}{\phi(D+k)}\bigl[F(x)\bigr]$$

となる。よって先ほどの式に代入すると

$$\exp(kx)\frac{1}{\phi(D+k)}\bigl[F(x)\bigr] = \frac{1}{\phi(D)}\bigl[\exp(kx)F(x)\bigr]$$

という関係が成立する。
　この関係を利用して、つぎの微分方程式の特殊解を求めてみよう。

第 9 章　演算子法

$$\frac{d^2y}{dx^2} - 6\frac{dy}{dx} + 9y = \exp(5x)x^2$$

まず、演算子を使って方程式を書き直すと

$$(D^2 - 6D + 9)[y] = \exp(5x)x^2$$

よって、特殊解は

$$y = \frac{1}{D^2 - 6D + 9}\left[\exp(5x)x^2\right] = \frac{1}{(D-3)^2}\left[\exp(5x)x^2\right]$$

となる。ここで

$$\exp(kx)\frac{1}{\phi(D+k)}[F(x)] = \frac{1}{\phi(D)}[\exp(kx)F(x)]$$

を使うと

$$y = \frac{1}{(D-3)^2}\left[\exp(5x)x^2\right] = \exp(5x)\frac{1}{((D+5)-3)^2}[x^2] = \exp(5x)\frac{1}{(D+2)^2}[x^2]$$

となる。ここで

$$\frac{1}{(D+2)^2}[x^2] = \frac{1}{D+2}\frac{1}{D+2}[x^2]$$

であるから、まず

$$\frac{1}{D+2}[x^2] = \frac{1}{2}\left(1 - \frac{D}{2} + \frac{D^2}{4}\right)[x^2] = \frac{1}{2}\left(x^2 - \frac{2x}{2} + \frac{2}{4}\right) = \frac{x^2}{2} - \frac{x}{2} + \frac{1}{4}$$

となる。さらに

$$\frac{1}{D+2}\left[\frac{x^2}{2}-\frac{x}{2}+\frac{1}{4}\right]=\frac{1}{2}\left(1-\frac{D}{2}+\frac{D^2}{4}\right)\left[\frac{x^2}{2}-\frac{x}{2}+\frac{1}{4}\right]$$

$$=\frac{1}{2}\left(\frac{x^2}{2}-\frac{x}{2}+\frac{1}{4}\right)-\frac{1}{4}\left(x-\frac{1}{2}\right)+\frac{1}{8}=\frac{x^2}{4}-\frac{x}{2}+\frac{3}{8}$$

となり、結局、

$$y=\frac{x^2}{4}-\frac{x}{2}+\frac{3}{8}$$

が特殊解としてえられる。

演習 9-10　つぎの微分方程式の特殊解を求めよ。

$$\frac{d^2y}{dx^2}-4y=\exp(3x)x^2$$

解)　微分演算子を使って微分方程式を書くと

$$(D^2-4)[y]=\exp(3x)x^2$$

よって

$$y=\frac{1}{D^2-4}\bigl[\exp(3x)x^2\bigr]$$

本節で導いた公式を使うと

第 9 章　演算子法

$$y = \exp(3x)\frac{1}{(D+3)^2 - 4}[x^2] = \exp(3x)\frac{1}{D^2 + 6D + 5}[x^2]$$

$$= \exp(3x)\frac{1}{(D+5)(D+1)}[x^2]$$

となる。ここで

$$\frac{1}{D+1}[x^2] = (1 - D + D^2)[x^2] = x^2 - 2x + 2$$

つぎに

$$\frac{1}{D+5}[x^2 - 2x + 2] = \frac{1}{5}\left(1 - \frac{D}{5} + \frac{D^2}{25}\right)[x^2 - 2x + 2]$$

$$= \frac{1}{5}\left(x^2 - 2x + 2 - \frac{2x-2}{5} + \frac{2}{25}\right) = \frac{x^2}{5} - \frac{12}{25}x + \frac{62}{125}$$

よって特殊解は

$$y = \exp(3x)\left(\frac{x^2}{5} - \frac{12}{25}x + \frac{62}{125}\right)$$

となる。

第10章　連立微分方程式

いままでは、独立変数が 1 個と従属変数が 1 個の関係を取りあつかう微分方程式を説明してきたが、従属変数が複数の場合もある。例えば、2 次元平面を運動している物体の速度が、その座標に依存して変化する場合を想定してみよう。物体の位置を(x, y) という座標で表し、時間を t とすると、その速度は

$$\vec{v} = \begin{pmatrix} dx/dt \\ dy/dt \end{pmatrix}$$

という 2 次元ベクトルで表現できる。この速度が座標に依存し、つぎのような関係にあるとしよう。

$$\frac{dx}{dt} = 2x - y$$

$$\frac{dy}{dt} = x + y$$

この物体の運動を調べるためには、これら 2 つの微分方程式を同時に満足する解をえる必要がある。

このとき、最初の式を変形して

$$y = -\frac{dx}{dt} + 2x$$

第10章　連立微分方程式

とし、両辺を t で微分すると

$$\frac{dy}{dt} = -\frac{d^2x}{dt^2} + 2\frac{dx}{dt}$$

という関係がえられる。これらを2番目の式に代入すると

$$-\frac{d^2x}{dt_2} + 2\frac{dx}{dt} = x - \frac{dx}{dt} + 2x$$

となり移項して整理すると

$$\frac{d^2x}{dt_2} - 3\frac{dx}{dt} + 3x = 0$$

という定係数の2階同次線形微分方程式に変形することができる。
　あとは、通常の方式で解法すればよいことになる。

演習 10-1　つぎの連立微分方程式を解法せよ。

$$\begin{cases} \dfrac{dx}{dt} = 2x - 6y \\ \dfrac{dy}{dt} = 2x + 9y \end{cases}$$

解）　最初の式より

$$y = -\frac{1}{6}\frac{dx}{dt} + \frac{1}{3}x$$

がえられる。両辺を t で微分すると

$$\frac{dy}{dt} = -\frac{1}{6}\frac{d^2x}{dt^2} + \frac{1}{3}\frac{dx}{dt}$$

これら2式を2番目の式に代入すると

$$-\frac{1}{6}\frac{d^2x}{dt^2} + \frac{1}{3}\frac{dx}{dt} = 2x + 9\left(-\frac{1}{6}\frac{dx}{dt} + \frac{1}{3}x\right)$$

移項して整理すると

$$\frac{1}{6}\frac{d^2x}{dt^2} - \frac{11}{6}\frac{dx}{dt} + 5x = 0$$

よって

$$\frac{d^2x}{dt^2} - 11\frac{dx}{dt} + 30x = 0$$

となる。
　これは同次の2階線形微分方程式である。特性方程式は

$$\lambda^2 - 11\lambda + 30 = (\lambda - 5)(\lambda - 6) = 0$$

となるので、一般解は

$$x = C_1 \exp(5t) + C_2 \exp(6t)$$

となる。ここで

第 10 章　連立微分方程式

$$y = -\frac{1}{6}\frac{dx}{dt} + \frac{x}{3}$$

であるから

$$y = -\frac{1}{6}(5C_1\exp(5t) + 6C_2\exp(6t)) + \frac{1}{3}(C_1\exp(5t) + C_2\exp(6t))$$

となり、項をまとめると

$$y = -\frac{1}{2}C_1\exp(5t) - \frac{2}{3}C_2\exp(6t)$$

となる。

10.1. 線形代数の手法を利用した解法

10.1.1. 同次方程式

ふたつの 1 階同次線形微分方程式からなる連立微分方程式

$$\begin{cases} \dfrac{dx}{dt} = a_{11}x + a_{12}y \\ \dfrac{dy}{dt} = a_{21}x + a_{22}y \end{cases}$$

を**行列** (matrix) を使ってつぎのように表記してみよう。

$$\begin{pmatrix} dx/dt \\ dy/dt \end{pmatrix} = \begin{pmatrix} a_{11} & a_{12} \\ a_{21} & a_{22} \end{pmatrix}\begin{pmatrix} x \\ y \end{pmatrix}$$

ここで

$$\vec{r} = \begin{pmatrix} x \\ y \end{pmatrix} \qquad \tilde{A} = \begin{pmatrix} a_{11} & a_{12} \\ a_{21} & a_{22} \end{pmatrix}$$

と置くと、連立微分方程式は、ベクトル表示によって

$$\frac{d\vec{r}}{dt} = \tilde{A}\vec{r}$$

のように、ひとつの式にまとめることができる。ただし、このかたちになったからといって、すぐに連立微分方程式が解けるわけではない。

ここで、方程式を解くヒントとして、もし仮に、**係数行列** (coefficient matrix) が**対角行列** (diagonal matrix) であった場合を想定してみよう。

すると

$$\begin{pmatrix} dx/dt \\ dy/dt \end{pmatrix} = \begin{pmatrix} a_{11} & 0 \\ 0 & a_{22} \end{pmatrix} \begin{pmatrix} x \\ y \end{pmatrix}$$

となるから、連立微分方程式は

$$\begin{cases} \dfrac{dx}{dt} = a_{11} x \\ \dfrac{dy}{dt} = a_{22} y \end{cases}$$

となって、それぞれ x および y に関する1階の線形微分方程式になる。このとき、これら方程式の解は、ただちに

$$x = \exp(a_{11} t) \qquad y = \exp(a_{22} t)$$

とえられる。つまり、なんらかの方法で係数行列を**対角化** (diagonalization) できれば、簡単に解がえられるのである。

そこで、係数行列を対角化する方法を考えてみる。**線形代数** (linear

第10章　連立微分方程式

algebra) を少し思い出してみよう。一般に、行列は、適当な行列 $\tilde{P}$ によって、次のように対角化できることが知られている。

$$\tilde{P}^{-1}\tilde{A}\tilde{P} = \tilde{P}^{-1}\begin{pmatrix} a_{11} & a_{12} \\ a_{21} & a_{22} \end{pmatrix}\tilde{P} = \begin{pmatrix} \lambda_1 & 0 \\ 0 & \lambda_2 \end{pmatrix}$$

ここで、対角行列の成分 λ_1, λ_2 は**固有値** (eigen value) と呼ばれる。また、それぞれの固有値に対応して

$$\tilde{A}\vec{r}_1 = \lambda_1 \vec{r}_1 \qquad \tilde{A}\vec{r}_2 = \lambda_2 \vec{r}_2$$

という関係を満足する**固有ベクトル** (eigen vector)：$\vec{r}_1$ および $\vec{r}_2$ がある。そして、対角化行列の列ベクトルは

$$\tilde{P} = [\vec{r}_1 \ \vec{r}_2]$$

のように固有ベクトルとなる。

ここで、対角化を利用するために、微分方程式

$$\frac{d\vec{r}}{dt} = \tilde{A}\vec{r}$$

の左から、行列 $\tilde{P}^{-1}$ をかけてみよう。すると

$$\tilde{P}^{-1}\frac{d\vec{r}}{dt} = \tilde{P}^{-1}\tilde{A}\vec{r}$$

となる。ここで

$$\tilde{P}^{-1}\tilde{P} = \tilde{P}\tilde{P}^{-1} = \tilde{E} = \begin{pmatrix} 1 & 0 \\ 0 & 1 \end{pmatrix}$$

は**単位行列** (identity matrix) で、何も変化を与えないので、上の式は

$$\tilde{P}^{-1}\frac{d\vec{r}}{dt} = \tilde{P}^{-1}\tilde{A}\tilde{P}\tilde{P}^{-1}\vec{r}$$

と置き換えることができる。さらに変形すると

$$\frac{d(\tilde{P}^{-1}\vec{r})}{dt} = \tilde{P}^{-1}\tilde{A}\tilde{P}(\tilde{P}^{-1}\vec{r})$$

となる。よって

$$\vec{u} = \tilde{P}^{-1}\vec{r} \qquad (\text{つまり } \vec{r} = \tilde{P}\vec{u})$$

を満足するベクトル $\vec{u}$ を使えば、その解がすぐにえられ、それから $\vec{r} = \tilde{P}\vec{u}$ という変換で連立微分方程式の解を求めることができる。

具体例で見た方がわかりやすいので、実際の連立微分方程式を、この手法で解いてみよう。

$$\begin{cases} \dfrac{dx}{dt} = 2x - 6y \\ \dfrac{dy}{dt} = 2x + 9y \end{cases}$$

という連立微分方程式は

$$\frac{d}{dt}\begin{pmatrix} x \\ y \end{pmatrix} = \begin{pmatrix} 2 & -6 \\ 2 & 9 \end{pmatrix}\begin{pmatrix} x \\ y \end{pmatrix}$$

と書ける。

つぎに係数行列の固有値を求める。固有値 λ は

第 10 章　連立微分方程式

$$|\lambda \tilde{E} - \tilde{A}| = 0$$

という関係を満足する。よって

$$\begin{vmatrix} \lambda-2 & 6 \\ -2 & \lambda-9 \end{vmatrix} = (\lambda-2)(\lambda-9)+12 = (\lambda-5)(\lambda-6) = 0$$

となり、$\lambda = 5, 6$ とえられる。つぎに固有ベクトルを求める。まず
　$\lambda = 5$ に対しての固有ベクトルは

$$\begin{pmatrix} 2 & -6 \\ 2 & 9 \end{pmatrix}\begin{pmatrix} x \\ y \end{pmatrix} = 5\begin{pmatrix} x \\ y \end{pmatrix}$$

より

$$2x - 6y = 5x$$
$$2x + 9y = 5y$$

となって $x = -2y$ となるので、固有ベクトルとしては

$$\begin{pmatrix} -2 \\ 1 \end{pmatrix}$$

が与えられる。(ベクトルの大きさは任意であるので、他のベクトルも考えられるが、ここでは整数比の最も簡単なものを選んだ。)
　つぎに $\lambda = 6$ に対しての固有ベクトルは

$$\begin{pmatrix} 2 & -6 \\ 2 & 9 \end{pmatrix}\begin{pmatrix} x \\ y \end{pmatrix} = 6\begin{pmatrix} x \\ y \end{pmatrix}$$

より

$$2x - 6y = 6x$$

$$2x + 9y = 6y$$

となって $2x = -3y$ となるので、固有ベクトルとしては

$$\begin{pmatrix} -3 \\ 2 \end{pmatrix}$$

がえられ、結局

$$\tilde{P} = \begin{pmatrix} -2 & -3 \\ 1 & 2 \end{pmatrix}$$

となる。この逆行列は単位行列を右に配した 2 行 4 列の行列に行基本変形を施していって、左に単位行列ができるように変形したとき、右側にえられる 2 行 2 列の行列である。よって

$$\begin{pmatrix} -2 & -3 & 1 & 0 \\ 1 & 2 & 0 & 1 \end{pmatrix} \to \begin{pmatrix} 1 & 3 & 1 & 3 \\ 1 & 2 & 0 & 1 \end{pmatrix} \to \begin{pmatrix} 1 & 3 & 1 & 3 \\ 0 & -1 & -1 & -2 \end{pmatrix}$$

$$\to \begin{pmatrix} 1 & 0 & -2 & -3 \\ 0 & -1 & -1 & -2 \end{pmatrix} \to \begin{pmatrix} 1 & 0 & -2 & -3 \\ 0 & 1 & 1 & 2 \end{pmatrix}$$

となり逆行列は

$$\tilde{P}^{-1} = \begin{pmatrix} -2 & -3 \\ 1 & 2 \end{pmatrix}$$

となる。ここで

$$\vec{u} = \begin{pmatrix} u \\ v \end{pmatrix} = \tilde{P}^{-1} \begin{pmatrix} x \\ y \end{pmatrix} = \begin{pmatrix} -2 & -3 \\ 1 & 2 \end{pmatrix} \begin{pmatrix} x \\ y \end{pmatrix}$$

第 10 章 連立微分方程式

を満足するベクトル

$$\vec{u} = \begin{pmatrix} u \\ v \end{pmatrix}$$

は

$$\frac{d}{dt}\begin{pmatrix} u \\ v \end{pmatrix} = \begin{pmatrix} 5 & 0 \\ 0 & 6 \end{pmatrix}\begin{pmatrix} u \\ v \end{pmatrix}$$

という関係を満足するので

$$\frac{du}{dt} = 5u \qquad \frac{dv}{dt} = 6v$$

よって

$$u = C_1 \exp(5t) \qquad v = C_2 \exp(6t)$$

ここで

$$\begin{pmatrix} x \\ y \end{pmatrix} = \tilde{P}\begin{pmatrix} u \\ v \end{pmatrix} = \begin{pmatrix} -2 & -3 \\ 1 & 2 \end{pmatrix}\begin{pmatrix} C_1 \exp(5t) \\ C_2 \exp(6t) \end{pmatrix}$$

であるから、結局

$$x = -2C_1 \exp(5t) - 3C_2 \exp(6t)$$
$$y = C_1 \exp(5t) + 2C_2 \exp(6t)$$

が解としてえられる。

演習 10-2 つぎの連立微分方程式を解法せよ。

$$\begin{cases} \dfrac{dx}{dt} = 9x + 10y \\ \dfrac{dy}{dt} = -3x - 2y \end{cases}$$

解) 微分方程式を行列で示すと

$$\frac{d}{dt}\begin{pmatrix} x \\ y \end{pmatrix} = \begin{pmatrix} 9 & 10 \\ -3 & -2 \end{pmatrix}\begin{pmatrix} x \\ y \end{pmatrix}$$

と書ける。

係数行列の固有値 λ は

$$\begin{vmatrix} \lambda - 9 & -10 \\ 3 & \lambda + 2 \end{vmatrix} = (\lambda - 9)(\lambda + 2) + 30 = (\lambda - 3)(\lambda - 4) = 0$$

から、$\lambda = 3, 4$ とえられる。つぎに固有ベクトルを求める。まず $\lambda = 4$ に対しての固有ベクトルは

$$\begin{pmatrix} 9 & 10 \\ -3 & -2 \end{pmatrix}\begin{pmatrix} x \\ y \end{pmatrix} = 3\begin{pmatrix} x \\ y \end{pmatrix}$$

より

$$9x + 10y = 3x$$
$$-3x - 2y = 3y$$

となって $-3x = 5y$ となるので、固有ベクトルとしては

第10章　連立微分方程式

$$\begin{pmatrix} 5 \\ -3 \end{pmatrix}$$

がえられる。つぎに

　　$\lambda = 3$ に対しての固有ベクトルは

$$\begin{pmatrix} 9 & 10 \\ -3 & -2 \end{pmatrix} \begin{pmatrix} x \\ y \end{pmatrix} = 4 \begin{pmatrix} x \\ y \end{pmatrix}$$

より

$$9x + 10y = 4x$$
$$-3x - 2y = 4y$$

となって $-x = 2y$ となるので、固有ベクトルとしては

$$\begin{pmatrix} 2 \\ -1 \end{pmatrix}$$

がえられ、結局

$$\tilde{P} = \begin{pmatrix} 5 & 2 \\ -3 & -1 \end{pmatrix}$$

となる。この逆行列は

$$\begin{pmatrix} 5 & 2 & 1 & 0 \\ -3 & -1 & 0 & 1 \end{pmatrix} \to \begin{pmatrix} -1 & 0 & 1 & 2 \\ -3 & -1 & 0 & 1 \end{pmatrix} \to \begin{pmatrix} -1 & 0 & 1 & 2 \\ 0 & -1 & -3 & -5 \end{pmatrix} \to \begin{pmatrix} 1 & 0 & -1 & -2 \\ 0 & 1 & 3 & 5 \end{pmatrix}$$

のような行基本変形でえることができ

$$\tilde{P}^{-1} = \begin{pmatrix} -1 & -2 \\ 3 & 5 \end{pmatrix}$$

となる。ここで

$$\vec{u} = \begin{pmatrix} u \\ v \end{pmatrix} = \tilde{P}^{-1} \begin{pmatrix} x \\ y \end{pmatrix} = \begin{pmatrix} -1 & -2 \\ 3 & 5 \end{pmatrix} \begin{pmatrix} x \\ y \end{pmatrix}$$

を満足するベクトル

$$\vec{u} = \begin{pmatrix} u \\ v \end{pmatrix}$$

は

$$\frac{d}{dt} \begin{pmatrix} u \\ v \end{pmatrix} = \begin{pmatrix} 3 & 0 \\ 0 & 4 \end{pmatrix} \begin{pmatrix} u \\ v \end{pmatrix}$$

という関係を満足するので

$$\frac{du}{dt} = 3u \qquad \frac{dv}{dt} = 4v$$

よって

$$u = C_1 \exp(3t) \qquad v = C_2 \exp(4t)$$

ここで

$$\begin{pmatrix} x \\ y \end{pmatrix} = \tilde{P} \begin{pmatrix} u \\ v \end{pmatrix} = \begin{pmatrix} 5 & 2 \\ -3 & -1 \end{pmatrix} \begin{pmatrix} C_1 \exp(3t) \\ C_2 \exp(4t) \end{pmatrix}$$

であるから、結局

$$x = 5C_1 \exp(3t) + 2C_2 \exp(4t)$$

第 10 章　連立微分方程式

$$y = -3C_1 \exp(3t) - C_2 \exp(4t)$$

が解としてえられることになる。

10.1.2. 非同次方程式

いままでは、連立微分方程式として同次方程式を取り扱ってきたが、非同次方程式の場合はどうなるであろうか。

実は、非同次方程式の連立方程式の場合も、いままで行ってきたように、同次方程式の解を求めたうえで、非同次方程式を満足する特殊解を見つければよいのである。例として、つぎの非同次方程式を解いてみよう。

$$\begin{cases} \dfrac{dx}{dt} = a_{11}x + a_{12}y + p(t) \\ \dfrac{dy}{dt} = a_{21}x + a_{22}y + q(t) \end{cases}$$

これをベクトル表示にすると

$$\frac{d}{dt}\begin{pmatrix} x \\ y \end{pmatrix} = \begin{pmatrix} a_{11} & a_{12} \\ a_{21} & a_{22} \end{pmatrix}\begin{pmatrix} x \\ y \end{pmatrix} + \begin{pmatrix} p(t) \\ q(t) \end{pmatrix}$$

あるいは

$$\frac{d\vec{r}}{dt} = \tilde{A}\vec{r} + \vec{b}$$

と書くことができる。

ここで適当な行列 $\tilde{P}$ によって、係数行列が対角化できるとしよう。

$$\tilde{P}^{-1}\tilde{A}\tilde{P} = \tilde{P}^{-1}\begin{pmatrix} a_{11} & a_{12} \\ a_{21} & a_{22} \end{pmatrix}\tilde{P} = \begin{pmatrix} \lambda_1 & 0 \\ 0 & \lambda_2 \end{pmatrix}$$

そして、対角化を利用するために

$$\frac{d\vec{r}}{dt} = \tilde{A}\vec{r} + \vec{b}$$

という微分方程式の左から、行列 $\tilde{P}^{-1}$ をかけてみる。すると

$$\tilde{P}^{-1}\frac{d\vec{r}}{dt} = \tilde{P}^{-1}\tilde{A}\vec{r} + \tilde{P}^{-1}\vec{b}$$

となる。上の式はさらに

$$\tilde{P}^{-1}\frac{d\vec{r}}{dt} = \tilde{P}^{-1}\tilde{A}\tilde{P}\tilde{P}^{-1}\vec{r} + \tilde{P}^{-1}\vec{b}$$

と置き換えることができる。さらに変形すると

$$\frac{d(\tilde{P}^{-1}\vec{r})}{dt} = \tilde{P}^{-1}\tilde{A}\tilde{P}(\tilde{P}^{-1}\vec{r}) + \tilde{P}^{-1}\vec{b}$$

となる。したがって

$$\vec{u} = \tilde{P}^{-1}\vec{r} \qquad (\text{つまり } \vec{r} = \tilde{P}\vec{u})$$

を満足するベクトル

$$\vec{u} = \begin{pmatrix} u \\ v \end{pmatrix}$$

と

$$\tilde{P}^{-1}\vec{b} = \vec{d} = \begin{pmatrix} m(t) \\ n(t) \end{pmatrix}$$

第 10 章　連立微分方程式

を使えば、連立微分方程式は

$$\begin{cases} \dfrac{du}{dt} = \lambda_1 u + m(t) \\ \dfrac{dv}{dt} = \lambda_2 v + n(t) \end{cases}$$

と書き直すことができる。
　こうすれば、それぞれの非同次方程式の特殊解はすぐにえられる。例えば

$$\frac{du}{dt} = \lambda_1 u + m(t)$$

の場合は、演算子法を使えるようにすると

$$(D - \lambda_1)[u] = m(t)$$

すると

$$u - \frac{1}{D - \lambda_1}\bigl[m(t)\bigr]$$

よって特殊解は

$$u = \exp(\lambda_1 t) \int \exp(-\lambda_1 t) m(t)\, dt$$

と与えられる。
　それでは、具体例で非同次の連立微分方程式を解法してみよう。

$$\begin{cases} \dfrac{dx}{dt} = 7x - 4y + 2\exp(t) \\ \dfrac{dy}{dt} = 12x - 7y + 4\exp(t) \end{cases}$$

この式を行列を使って表現すると

$$\frac{d}{dt}\begin{pmatrix} x \\ y \end{pmatrix} = \begin{pmatrix} 7 & -4 \\ 12 & -7 \end{pmatrix}\begin{pmatrix} x \\ y \end{pmatrix} + \begin{pmatrix} 2\exp(t) \\ 4\exp(t) \end{pmatrix}$$

となる。この係数行列の固有値 λ は

$$\begin{vmatrix} \lambda - 7 & 4 \\ -12 & \lambda + 7 \end{vmatrix} = (\lambda - 7)(\lambda + 7) + 48 = (\lambda + 1)(\lambda - 1) = 0$$

となり、$\lambda = 1, -1$ とえられる。つぎに固有ベクトルを求める。まず $\lambda = 1$ に対しての固有ベクトルは

$$\begin{pmatrix} 7 & -4 \\ 12 & -7 \end{pmatrix}\begin{pmatrix} x \\ y \end{pmatrix} = \begin{pmatrix} x \\ y \end{pmatrix}$$

より

$$7x - 4y = x$$
$$12x - 7y = y$$

となって $3x = 2y$ となるので、固有ベクトルとしては

$$\begin{pmatrix} 2 \\ 3 \end{pmatrix}$$

が考えられる。つぎに
 $\lambda = 3$ に対しての固有ベクトルは

$$\begin{pmatrix} 7 & -4 \\ 12 & -7 \end{pmatrix}\begin{pmatrix} x \\ y \end{pmatrix} = -\begin{pmatrix} x \\ y \end{pmatrix}$$

より

第 10 章 連立微分方程式

$$7x - 4y = -x$$
$$12x - 7y = -y$$

となって $2x = y$ となるので、固有ベクトルとしては

$$\begin{pmatrix} 1 \\ 2 \end{pmatrix}$$

がえられ、結局

$$\tilde{P} = \begin{pmatrix} 2 & 1 \\ 3 & 2 \end{pmatrix}$$

となる。この逆行列は

$$\begin{pmatrix} 2 & 1 & 1 & 0 \\ 3 & 2 & 0 & 1 \end{pmatrix} \to \begin{pmatrix} 2 & 1 & 1 & 0 \\ 1 & 1 & -1 & 1 \end{pmatrix} \to \begin{pmatrix} 1 & 0 & 2 & -1 \\ 1 & 1 & -1 & 1 \end{pmatrix} \to \begin{pmatrix} 1 & 0 & 2 & -1 \\ 0 & 1 & -3 & 2 \end{pmatrix}$$

のような行基本変形でえることができ

$$\tilde{P}^{-1} = \begin{pmatrix} 2 & -1 \\ -3 & 2 \end{pmatrix}$$

となる。ここで非同次項に対応したベクトルは

$$\vec{d} = \tilde{P}^{-1} \vec{b} = \tilde{P}^{-1} \begin{pmatrix} 2\exp(t) \\ 4\exp(t) \end{pmatrix} = \begin{pmatrix} 2 & -1 \\ -3 & 2 \end{pmatrix} \begin{pmatrix} 2\exp(t) \\ 4\exp(t) \end{pmatrix} = \begin{pmatrix} 0 \\ 2\exp(t) \end{pmatrix}$$

であるから

$$\vec{u} = \begin{pmatrix} u \\ v \end{pmatrix} = \tilde{P}^{-1} \begin{pmatrix} x \\ y \end{pmatrix} = \begin{pmatrix} 2 & -1 \\ -3 & 2 \end{pmatrix} \begin{pmatrix} x \\ y \end{pmatrix}$$

を満足するベクトル

$$\vec{u} = \begin{pmatrix} u \\ v \end{pmatrix}$$

は

$$\frac{d}{dt}\begin{pmatrix} u \\ v \end{pmatrix} = \begin{pmatrix} 1 & 0 \\ 0 & -1 \end{pmatrix}\begin{pmatrix} u \\ v \end{pmatrix} + \begin{pmatrix} 0 \\ 2\exp(t) \end{pmatrix}$$

という関係を満足するので

$$\frac{du}{dt} = u \qquad \frac{dv}{dt} = -v + 2\exp(t)$$

よって

$$u = C_1 \exp(t)$$

となる。つぎに v に関しては、同次方程式の解は

$$v = C_2 \exp(-t)$$

であり、非同次方程式の特殊解は、演算子法を用いると

$$(D+1)[v] = 2\exp(t)$$

より

$$v = \frac{1}{D+1}[2\exp(t)] = \exp(t)$$

となるので

$$v = C_2 \exp(-t) + \exp(t)$$

第10章　連立微分方程式

となる。よって

$$\begin{pmatrix} x \\ y \end{pmatrix} = \begin{pmatrix} 2 & 1 \\ 3 & 2 \end{pmatrix} \begin{pmatrix} u \\ v \end{pmatrix} = \begin{pmatrix} 2 & 1 \\ 3 & 2 \end{pmatrix} \begin{pmatrix} C_1 \exp(t) \\ C_2 \exp(-t) + \exp(t) \end{pmatrix}$$

より

$$x = 2C_1 \exp(t) + C_2 \exp(-t) + \exp(t)$$
$$y = 3C_1 \exp(t) + 2C_2 \exp(-t) + 2\exp(t)$$

が解となる。

演習 10-3　つぎの連立微分方程式を解け。

$$\begin{cases} \dfrac{dx}{dt} = 4x + y + 2\exp(3t) \\ \dfrac{dy}{dt} = -2x + y - 3\exp(3t) \end{cases}$$

解）　この式を行列を使って表現すると

$$\frac{d}{dt}\begin{pmatrix} x \\ y \end{pmatrix} = \begin{pmatrix} 4 & 1 \\ -2 & 1 \end{pmatrix} \begin{pmatrix} x \\ y \end{pmatrix} + \begin{pmatrix} 2\exp(3t) \\ -3\exp(3t) \end{pmatrix}$$

となる。この係数行列の固有値 λ は

$$\begin{vmatrix} \lambda - 4 & -1 \\ 2 & \lambda - 1 \end{vmatrix} = (\lambda - 4)(\lambda - 1) + 2 = (\lambda - 2)(\lambda - 3) = 0$$

となり、$\lambda = 2, 3$ とえられる。つぎに固有ベクトルを求める。まず
　$\lambda = 2$ に対しての固有ベクトルは

$$\begin{pmatrix} 4 & 1 \\ -2 & 1 \end{pmatrix} \begin{pmatrix} x \\ y \end{pmatrix} = 2 \begin{pmatrix} x \\ y \end{pmatrix}$$

より

$$4x + y = 2x$$
$$-2x + y = 2y$$

となって $-2x = y$ となるので、固有ベクトルとしては

$$\begin{pmatrix} 1 \\ -2 \end{pmatrix}$$

がえられる。つぎに
　$\lambda = 3$ に対しての固有ベクトルは

$$\begin{pmatrix} 4 & 1 \\ -2 & 1 \end{pmatrix} \begin{pmatrix} x \\ y \end{pmatrix} = 3 \begin{pmatrix} x \\ y \end{pmatrix}$$

より

$$4x + y = 3x$$
$$-2x + y = 3y$$

となって $-x = y$ となるので、固有ベクトルとしては

$$\begin{pmatrix} 1 \\ -1 \end{pmatrix}$$

がえられ、結局

第 10 章　連立微分方程式

$$\tilde{P} = \begin{pmatrix} 1 & 1 \\ -2 & -1 \end{pmatrix}$$

となる。この逆行列は

$$\begin{pmatrix} 1 & 1 & 1 & 0 \\ -2 & -1 & 0 & 1 \end{pmatrix} \to \begin{pmatrix} 1 & 1 & 1 & 0 \\ 0 & 1 & 2 & 1 \end{pmatrix} \to \begin{pmatrix} 1 & 0 & -1 & -1 \\ 0 & 1 & 2 & 1 \end{pmatrix}$$

のような行基本変形でえることができ

$$\tilde{P}^{-1} = \begin{pmatrix} -1 & -1 \\ 2 & 1 \end{pmatrix}$$

となる。ここで非同次項に対応したベクトルは

$$\vec{d} = \tilde{P}^{-1}\vec{b} = \tilde{P}^{-1}\begin{pmatrix} 2\exp(3t) \\ -3\exp(3t) \end{pmatrix} = \begin{pmatrix} -1 & -1 \\ 2 & 1 \end{pmatrix}\begin{pmatrix} 2\exp(3t) \\ -3\exp(3t) \end{pmatrix} = \begin{pmatrix} \exp(3t) \\ \exp(3t) \end{pmatrix}$$

であるから

$$\vec{u} = \begin{pmatrix} u \\ v \end{pmatrix} = \tilde{P}^{-1}\begin{pmatrix} x \\ y \end{pmatrix} = \begin{pmatrix} -1 & -1 \\ 2 & 1 \end{pmatrix}\begin{pmatrix} x \\ y \end{pmatrix}$$

を満足するベクトル

$$\vec{u} = \begin{pmatrix} u \\ v \end{pmatrix}$$

は

$$\frac{d}{dt}\begin{pmatrix} u \\ v \end{pmatrix} = \begin{pmatrix} 2 & 0 \\ 0 & 3 \end{pmatrix}\begin{pmatrix} u \\ v \end{pmatrix} + \begin{pmatrix} \exp(3t) \\ \exp(3t) \end{pmatrix}$$

という関係を満足するので

$$\frac{du}{dt} = 2u + \exp(3t) \qquad \frac{dv}{dt} = 3v + \exp(3t)$$

よって

u に関しては、同時方程式の解が

$$u = C_1 \exp(2t) \qquad (C_1:定数)$$

となり、非同次方程式の特殊解は演算子法を用いると

$$(D-2)[u] = \exp(3t)$$

より

$$u = \frac{1}{D-2}[\exp(3t)] = \exp(2t)\int \exp(-2t)\exp(3t)dt$$

$$= \exp(2t)\int \exp(t)dt = C_2\exp(2t) + \exp(3t) \qquad (C_2:定数)$$

となるので

$$u = C_2 \exp(2t) + \exp(3t)$$

となる。

つぎに v に関しては、同次方程式の解は

$$v = C_3 \exp(3t) \qquad (C_3:定数)$$

であり、非同次方程式の特殊解は、演算子法を用いると

$$(D-3)[v] = \exp(3t)$$

より

第 10 章　連立微分方程式

$$v = \frac{1}{D-3}\left[\exp(3t)\right]$$

となる。ただし、$D = 3$ を代入すると分母が 0 になってしまうので、ここでは通常の演算方法を使う。その場合

$$\frac{1}{D-3}\left[\exp(3t)\right] = \exp(3t)\int \exp(-3t)\exp(3t)dt = \exp(3t)\int 1 dt = \exp(3t)(t + C_4)$$

よって v の一般解は

$$v = C_3\exp(3t) + \exp(3t)(t + C_4) = (C_3 + C_4)\exp(3t) + t\exp(3t)$$

となる。定数項は任意であるから、あらためて

$$C_3 + C_4 = C_5 \qquad (C_4, C_5：定数)$$

と置くと

$$v = C_5\exp(3t) + t\exp(3t)$$

となる。よって

$$\begin{pmatrix} x \\ y \end{pmatrix} = \begin{pmatrix} 1 & 1 \\ -2 & -1 \end{pmatrix}\begin{pmatrix} u \\ v \end{pmatrix} = \begin{pmatrix} 1 & 1 \\ -2 & -1 \end{pmatrix}\begin{pmatrix} C_2\exp(2t) + \exp(3t) \\ C_5\exp(3t) + t\exp(3t) \end{pmatrix}$$

より

$$x = C_1\exp(2t) + (C_3 + 1)\exp(3t) + t\exp(3t)$$
$$y = -2C_1\exp(2t) - 2(C_3 + 1)\exp(3t) - t\exp(3t)$$

が解となる。

10.2. 微分演算子を利用して解法する方法

つぎの連立微分方程式

$$\begin{cases} \dfrac{dx}{dt} - 2x + 6y = 0 \\ -2x + \dfrac{dy}{dt} - 9y = 0 \end{cases}$$

を、微分演算子 D を使って表記すると

$$\begin{cases} (D-2)[x] + 6y = 0 \\ -2x + (D-9)[y] = 0 \end{cases}$$

となる。これを行列を使って書くと

$$\begin{pmatrix} D-2 & 6 \\ -2 & D-9 \end{pmatrix} \begin{pmatrix} x \\ y \end{pmatrix} = \begin{pmatrix} 0 \\ 0 \end{pmatrix}$$

となる。

すでにロンスキー行列式でも説明したように、この連立方程式が $x=0, y=0$ という自明な解以外に解を持つための条件は

$$\begin{vmatrix} D-2 & 6 \\ -2 & D-9 \end{vmatrix} = 0$$

であった。よって

$$(D-2)(D-9) - (-2) \cdot 6 = D^2 - 11D + 18 + 12 = D^2 - 11D + 30 = 0$$

となり、$D=5, D=6$ となり、x, y 双方とも基本解として

第10章 連立微分方程式

$$\exp(5t) \quad と \quad \exp(6t)$$

を有することがわかる。後は、連立方程式を利用して係数の関係を決めればよいことになる。

ここで、終わっても良いのであるが、実は、今の説明には少し飛躍がある。それは、微分演算子 D をあたかも普通の係数のように扱っている点である。結果が変わらないので、説明不十分のまま終わらせている教科書もあるが、ここで説明した手法は

$$\begin{cases} \dfrac{dx}{dt} - 2x + 6y = 0 \\ -2x + \dfrac{dy}{dt} - 9y = 0 \end{cases}$$

という連立微分方程式の解として

$$x = A\exp(\lambda t) \qquad y = B\exp(\lambda t)$$

という解を仮定した結果を利用しているのである。連立方程式にこれらを代入すると

$$\begin{cases} \lambda A\exp(\lambda t) - 2A\exp(\lambda t) + 6B\exp(\lambda t) = 0 \\ -2A\exp(\lambda t) + \lambda B\exp(\lambda t) - 9B\exp(\lambda t) = 0 \end{cases}$$

となる。

ここで $\exp(\lambda t)$ の因子をとると

$$\begin{cases} \lambda A - 2A + 6B = 0 \\ -2A + \lambda B - 9B = 0 \end{cases}$$

これを行列で書くと

$$\begin{pmatrix} \lambda-2 & 6 \\ -2 & \lambda-9 \end{pmatrix} \begin{pmatrix} A \\ B \end{pmatrix} = 0$$

となって、微分演算子 D を使って示した式において、D を λ に、(x, y) を (A, B) に代えただけの式となる。このようになることがわかっているので、あえて置き換えをせずに、D をあたかも係数のように扱っていたのである。

演習 10-4 つぎの連立微分方程式を解け。

$$\begin{cases} \dfrac{dx}{dt} + 7x - y = 0 \\ \dfrac{dy}{dt} + 2x + 5y = 0 \end{cases}$$

解) 微分演算子 D を使って表記すると

$$\begin{cases} (D+7)[x] - y = 0 \\ 2x + (D+5)[y] = 0 \end{cases}$$

となる。これを行列を使って書くと

$$\begin{pmatrix} D+7 & -1 \\ 2 & D+5 \end{pmatrix} \begin{pmatrix} x \\ y \end{pmatrix} = \begin{pmatrix} 0 \\ 0 \end{pmatrix}$$

となる。

この連立方程式が $x = 0, y = 0$ という自明な解以外に解を持つための条件は

第10章　連立微分方程式

$$\begin{vmatrix} D+7 & -1 \\ 2 & D+5 \end{vmatrix} = 0$$

であった。よって

$$(D+7)(D+5)-(-1)\cdot 2 = D^2+12D+35+2 = D^2+12D+37 = 0$$

となり

$$D = \frac{-12\pm\sqrt{12^2-4\cdot 37}}{2} = \frac{-12\pm 2i}{2} = 6\pm i$$

となる。よって一般解として

$$x = C_1\exp(-6+i)t + C_2\exp(-6-i)t = \exp(-6t)(C_1\exp(it)+C_2\exp(-it))$$

がえられる。オイラーの公式

$$\exp(\pm it) = \cos t \pm i\sin t$$

を使って整理すると

$$x = \exp(-6t)\{(C_1+C_2)\cos t + i(C_1-C_2)\sin t\}$$

ここで、定数項をまとめると

$$x = \exp(-6t)(A\cos t + B\sin t)$$

となる。

最初の式から

$$y = \frac{dx}{dt} + 7x$$

という関係にあるから

$$y = -6\exp(-6t)(A\cos t + B\sin t)$$
$$+ \exp(-6t)(-A\sin t + B\cos t) + 7\exp(-6t)(A\cos t + B\sin t)$$

整理すると

$$y = \exp(-6t)(A\cos t + B\sin t) + \exp(-6t)(-A\sin t + B\cos t)$$
$$= \exp(-6t)\{(A+B)\cos t + (B-A)\sin t\}$$

となる。

　もちろん、従属変数の数を増やせば、いくらでも多元の連立微分方程式をつくることができる。ただし、その解法の基本的な手法は、この章で紹介した方法で十分である。

第 11 章　理工系への応用

　理工系の学問において、ある現象を科学的に解析する常套手段は微分方程式の利用である。まず、対象とする現象がどのように変化するかを調べ、これを数学的モデルで表現する。この数式は、多くの場合、微分方程式で表現される。そのうえで積分を利用して現象の全体像をえる。

　例外もないわけではないが、微分方程式を利用した解析が全領域で主流となっている。あまりにも広範囲に亙っているため、そのすべてを紹介することはできないが、微分方程式が利用される応用例として、力学における振動解析と電気回路を紹介し、その後で、微分方程式の解法に級数解法が利用されている例を紹介する。

11.1.　物体の振動

　物体の運動は**ニュートンの運動方程式** (Newton's law of motion)

$$F = m\frac{d^2 x}{dt^2}$$

によって支配される。ここで、F は物体に作用する力、m は物体の質量、x は物体の変位、t は時間である。これは、

（力）=（質量）×（加速度）

という式である。

　ばねにつながれた振り子の**単振動** (simple harmonic motion) においては、

ばね定数 (spring constant) を k とすると

$$F = -kx$$

という**復元力** (restoring force) が働く。よって、その微分方程式は

$$-kx = m\frac{d^2x}{dt^2} \qquad m\frac{d^2x}{dt^2} + kx = 0$$

となる。
　これは、定係数の 2 階 1 次線形微分方程式であり、$x = \exp(\lambda t)$ という解を仮定して、微分方程式に代入すると

$$m\lambda^2 \exp(\lambda t) + k\exp(\lambda t) = 0$$

となり、特性方程式は

$$m\lambda^2 + k = 0 \qquad \lambda^2 = -\frac{k}{m}$$

となるが、k も m の正の数であるから

$$\lambda = \pm\sqrt{\frac{k}{m}}\,i$$

のように λ は虚数となる。よって、一般解は

$$x = C_1 \exp\left(i\sqrt{\frac{k}{m}}\,t\right) + C_2 \exp\left(-i\sqrt{\frac{k}{m}}\,t\right)$$

と与えられる。オイラーの公式

第 11 章　理工系への応用

$$\exp\left(\pm i\sqrt{\frac{k}{m}}t\right) = \cos\sqrt{\frac{k}{m}}t \pm i\sin\sqrt{\frac{k}{m}}t$$

を使うと、この解は

$$x = (C_1 + C_2)\cos\sqrt{\frac{k}{m}}t + i(C_1 - C_2)\sin\sqrt{\frac{k}{m}}t$$

のように三角関数で表現できる。すでに紹介しているが、一般解が複素数の場合には、その実数部と虚数部

$$x = (C_1 + C_2)\cos\sqrt{\frac{k}{m}}t \qquad x = (C_1 - C_2)\sin\sqrt{\frac{k}{m}}t$$

が解となる。もとの微分方程式に代入すれば、これら解が方程式を満足することが確かめられる。

　ここで、任意定数は初期条件や境界条件によって決定される。例えば、初期条件として $t=0$ のとき $x=0$ という条件を与えると

$$C_1 + C_2 = 0$$

という条件が課せられるので、この単振動は

$$x = (C_1 - C_2)\sin kt = 2C_1 \sin\sqrt{\frac{k}{m}}t$$

という式に従うことになる。

11.1.1.　まさつのある振動

　振り子の単振動の微分方程式は、その運動にはまさつがないものと仮定しているが、実際の運動では必ずまさつが生じる。この**まさつ力** (friction force) はまさつ係数 (coefficient of friction) を ν とすると、速度 (dx/dt) に比例するので

$$-\nu \frac{dx}{dt}$$

となる。つまり、力の項に、この**粘性項** (viscous term) が加わることになる。よって、運動方程式は

$$F = -kx - \nu \frac{dx}{dt} = m\frac{d^2 x}{dt^2}$$

となり、移項して整理すると微分方程式は

$$m\frac{d^2 x}{dt^2} + \nu \frac{dx}{dt} + kx = 0$$

となる。これが、まさつのある振動を表現する微分方程式である。

これは、定係数の2階1次の同次線形微分方程式である。よって $x = \exp(\lambda t)$ という解を仮定すると

$$\lambda = \frac{-\nu \pm \sqrt{\nu^2 - 4mk}}{2m}$$

がえられ、一般解は

$$x = A\exp\left(\frac{-\nu + \sqrt{\nu^2 - 4mk}}{2m}t\right) + B\exp\left(\frac{-\nu - \sqrt{\nu^2 - 4mk}}{2m}t\right)$$

となる。A, B は任意の定数であり、適当な初期条件を与えれば、特殊解がえられる。

ここで、少し場合分けして解がどのようになるかを検討してみよう。

① $v^2 \geq 4mk$ の場合

$$\frac{-v \pm \sqrt{v^2 - 4mk}}{2m} < 0$$

となるから exp の t の係数がどちらの項も負となるので、時間 t とともに単純に減衰していく振動となる。

② $v^2 = 4mk$ の場合
特性方程式は重根となるので

$$x = A\exp\left(-\frac{v}{2m}t\right)$$

という解しかえられない。そこで

$$x = u(t)\exp\left(-\frac{v}{2m}t\right)$$

と置くと

$$\frac{dx}{dt} = \frac{du(t)}{dt}\exp\left(-\frac{v}{2m}t\right) - \frac{v}{2m}u(t)\exp\left(-\frac{v}{2m}t\right)$$

$$\frac{d^2x}{dt^2} = \frac{d^2u(t)}{dt^2}\exp\left(-\frac{v}{2m}t\right) - \frac{v}{m}\frac{du(t)}{dt}\exp\left(-\frac{v}{2m}t\right) + \left(\frac{v}{2m}\right)^2 u(t)\exp\left(-\frac{v}{2m}t\right)$$

となる。微分方程式に代入すると

$$m\frac{d^2u(t)}{dt^2}\exp\left(-\frac{v}{2m}t\right) - v\frac{du(t)}{dt}\exp\left(-\frac{v}{2m}t\right) + \frac{v^2}{4m}u(t)\exp\left(-\frac{v}{2m}t\right)$$

$$+ v\frac{du(t)}{dt}\exp\left(-\frac{v}{2m}t\right) - \frac{v^2}{2m}u(t)\exp\left(-\frac{v}{2m}t\right) + ku(t)\exp\left(-\frac{v}{2m}t\right) = 0$$

整理すると

$$m\frac{d^2 u(t)}{dt^2} + \left(k - \frac{v^2}{4m}\right)u(t) = 0$$

$v^2 = 4mk$ より

$$\frac{d^2 u(t)}{dt^2} = 0$$

となり

$$u(t) = C_1 t + C_2$$

となるから

$$x = (C_1 t + C_2)\exp\left(-\frac{v}{2m}t\right)$$

となる。この解に、先ほど求めた解が含まれるので、これが一般解となる。

③ $n^2 < 4mk$ の場合
根号の中が負となるので、複素数となる。よって

$$x = A\exp\left(-\frac{v}{2m}t\right)\exp\left(i\frac{\sqrt{4mk - v^2}}{2m}t\right) + B\exp\left(-\frac{v}{2m}t\right)\exp\left(-i\frac{\sqrt{4mk - v^2}}{2m}t\right)$$

ここで

$$\exp\left(\pm i\frac{\sqrt{4mk - v^2}}{2m}t\right) = \cos\left(\frac{\sqrt{4mk - v^2}}{2m}t\right) \pm i\sin\left(\frac{\sqrt{4mk - v^2}}{2m}t\right)$$

のように、虚数の項は sin 波あるいは cos 波となる。これが $\exp(-(v/2m)t)$ という減衰項にかかっているので、振動しながら減衰していくことになる。

第11章 理工系への応用

いずれにしても、まさつのある振動では、減衰の様子に違いがあるものの、時間とともに振動が減衰していくだけの運動となる。

11.1.2. 強制振動の方程式

実際の運動では、まさつ力によって運動は次第に減衰し、やがて止まってしまう。振動を継続させるためには、外部から強制的に振動させる必要がある。このような運動を**強制振動** (forced oscillation) と呼んでいる。

この場合、外部からの力を

$$F = F_0 \exp(i\omega t)$$

とする。虚数が入っているのは強制力がつねに振動していることを反映している。(実数の場合には、単純に減衰するか、発散するかのいずれしかない。)

すると、力の項にこの強制力の項が加わるので、強制振動の運動方程式は

$$F = -kx - \nu \frac{dx}{dt} + F_0 \exp(i\omega t) = m \frac{d^2 x}{dt^2}$$

と与えられる。移項して整理すると

$$m \frac{d^2 x}{dt^2} + \nu \frac{dx}{dt} + kx = F_0 \exp(i\omega t)$$

となる。これが強制振動に対応した微分方程式である。非同次の定係数2階1次線形微分方程式となる。ここで、非同次項を強調するために、右辺に強制力項を置いている。この非同次項は、物理では**外力項** (external force term) と呼ばれる。強制振動ということを考えれば、こう呼ばれる理由も納得できるであろう。

まず同次方程式の一般解については前節で求めたように

$$x = A\exp\left(\frac{-\nu + \sqrt{\nu^2 - 4mk}}{2m}t\right) + B\exp\left(\frac{-\nu - \sqrt{\nu^2 - 4mk}}{2m}t\right)$$

となる。

　よって強制振動の非同次微分方程式の一般解を求めるには、非同次項に対応した特殊解を求め、上の一般解に加えればよいことになる。

　ここでは演算子法を使ってみよう。非同次方程式を微分演算子を使って書くと

$$(mD^2 + \nu D + k)[x] = F_0 \exp(i\omega t)$$

となる。よって

$$x = \frac{1}{mD^2 + \nu D + k}[F_0 \exp(i\omega t)]$$

となるが、この逆演算は簡単で D に $i\omega$ を代入すれば良い。よって

$$x = \frac{F_0 \exp(i\omega t)}{m(i\omega)^2 + i\nu\omega + k} = \frac{F_0 \exp(i\omega t)}{k - m\omega^2 + i\nu\omega}$$

と与えられる。これが特殊解である。

　したがって、一般解は

$$x = A\exp\left(\frac{-\nu + \sqrt{\nu^2 - 4mk}}{2m}t\right) + B\exp\left(\frac{-\nu - \sqrt{\nu^2 - 4mk}}{2m}t\right) + \frac{F_0 \exp(i\omega t)}{k - m\omega^2 + i\nu\omega}$$

と与えられる。

　数学的には、これを一般解として終わりであるが、物理的にこの結果を解釈する場合には、もちろんこの先がある。

　例えば、初期条件を与えることによって、一般解ではなく特殊解がえら

れるが、実際に事象解析にあたって、われわれが欲しいのは、より具体的な情報である。よって解析しようとしている条件下での特殊解が必要となる。

また、この解には exp の項に虚数が入っているが、物理現象としては、指数が実数の場合よりも虚数が含まれている方が重要となる。なぜなら、何度か紹介しているように、exp の項が実数の場合、負の数ならば時間とともに減衰し、正の数ならば時間とともに発散するという現象としては、あまり興味のない結果にしかならない。一方、虚数の場合

$$\exp(ikt) = \cos kt + i \sin kt$$

のように、減衰や発散をせずに、定常的に振動している状態が解としてえられる。虚数が織り成す不思議のひとつである。

演習 11-1 つぎの強制振動の微分方程式を解法せよ。

$$\frac{d^2 x}{dt^2} + 4\frac{dx}{dt} + 3x = 4\exp(i\omega t)$$

解) 非同次の定係数 2 階線形微分方程式であるので、まず同次方程式の一般解から求めてみよう。

まず特性方程式は

$$\lambda^2 + 4\lambda + 3 = (\lambda+1)(\lambda+3) = 0$$

であるから、一般解は

$$y = C_1 \exp(-t) + C_2 \exp(-3t)$$

となる。つぎに非同次方程式の特殊解を求めてみよう。方程式を微分演算子を使って表記すると

$$(D^2 + 4D + 3)[x] = 4\exp(i\omega t)$$

となる。よって特殊解は

$$x = \frac{1}{D^2 + 4D + 3}[4\exp(i\omega t)] = \frac{4\exp(i\omega t)}{(i\omega)^2 + 4\omega i + 3} = \frac{4\exp(i\omega t)}{3 - \omega^2 + 4\omega i}$$

となるので、一般解は

$$y = C_1 \exp(-t) + C_2 \exp(-3t) + \frac{4\exp(i\omega t)}{3 - \omega^2 + 4\omega i}$$

と与えられる。

　数学的には、この解答で十分であるが、物理現象を解析する場合には、与えられた解をもとに現象を把握する必要がある。ここで、最初の 2 項は時間 (t) の経過とともに小さくなっていくので、十分時間が経過した後では無視できる項である。

　よって、非同次項に対応した項が重要となる。そこで、この項を少し変形してみよう。まず分母を有理化すると

$$\frac{4\exp(i\omega t)}{3 - \omega^2 + 4\omega i} = \frac{\{(3 - \omega^2) - 4\omega i\}4\exp(i\omega t)}{(3 - \omega^2)^2 + 16\omega^2}$$

となる。その上で、オイラーの公式

第 11 章　理工系への応用

$$\exp(i\omega t) = \cos\omega t + i\sin\omega t$$

を利用すると

$$\frac{\{(3-\omega^2)-4\omega i\}4\exp(i\omega t)}{(3-\omega^2)^2+16\omega^2}$$
$$=\frac{4\{(3-\omega^2)\cos\omega t+4\omega\sin\omega t\}}{(3-\omega^2)^2+16\omega^2}+i\frac{4\{(3-\omega^2)\sin\omega t-4\omega\cos\omega t\}}{(3-\omega^2)^2+16\omega^2}$$

となる。

この実数部

$$\frac{4\{(3-\omega^2)\cos\omega t+4\omega\sin\omega t\}}{(3-\omega^2)^2+16\omega^2}$$

および虚数部

$$\frac{4\{(3-\omega^2)\sin\omega t-4\omega\cos\omega t\}}{(3-\omega^2)^2+16\omega^2}$$

のいずれもが方程式の解となる。

11.2.　電気回路の微分方程式

　交流回路の解析を行うための下準備として、交流電流が図 11-1 に示した電気抵抗、コンデンサー、コイルに流れたときの構成要素の基礎方程式をまず求める。これらは、それぞれ

$$V=IR \qquad I=C\frac{dV}{dt} \qquad V=L\frac{dI}{dt}$$

と与えられることがわかっている。

抵抗　　　　　　コンデンサー　　　　　　コイル

図 11-1

　ここで I は**電流** (electric current)、R は**電気抵抗** (electric resistance)、V は**電圧** (voltage)、C は**コンデンサー** (condenser) の**キャパシタンス** (capacitance)、L は**コイル**(coil)の**インダクタンス** (inductance)である。

　まず、最初の式は、有名なオームの法則であり、直流回路でも成立する。次はコンデンサーの式であるが、もちろん直流ではコンデンサーには電流が流れずに、電気は両電極板に正負のかたちで蓄積されている。しかし、外部電圧が振動すると、その影響で静止していた電極板の電子が運動するので電流が発生する。それが 2 番目の式である。最後の式は、電流が時間変化すると、コイルのインダクタンスで電圧が発生することを示す式である。

　ここで、いま $I = I_0 \cos\omega t$ の交流電流が流れているとする。すると、抵抗に発生する電圧は

$$V = IR = RI_0 \cos(\omega t)$$

となる。コイルに発生する電圧は

$$V = L\frac{dI}{dt} = LI_0 \frac{d(\cos\omega t)}{dt} = -I_0 \omega L \sin\omega t = I_0 \omega L \cos\left(\omega t + \frac{\pi}{2}\right)$$

コンデンサーの場合には

$$V = \frac{1}{C}\int I dt = \frac{1}{C}\int I_0 \cos(\omega t) dt = \frac{I_0}{\omega C}\sin(\omega t) = \frac{I_0}{\omega C}\cos\left(\omega t - \frac{\pi}{2}\right)$$

第 11 章　理工系への応用

となる。

次に、複素数表示を使って、交流の抵抗成分を求めてみよう。ここで、交流電流として $I = I_0 \exp(i\omega t)$ を考える。このように交流電流を複素数で表示すると、電流成分としては $\cos(\omega t)$ と、ちょうど $\pi/2$ だけ位相のずれた $\sin(\omega t)$ （虚数成分で $i\sin(\omega t)$）を同時に含んでいることになる。

これを先ほどの式に代入すれば、それぞれ

$$V = IR = RI_0 \exp(i\omega t)$$

$$V = L\frac{dI}{dt} = I_0 L \frac{d(\exp(i\omega t))}{dt} = i\omega L I_0 \exp(i\omega t)$$

$$V = \frac{1}{C}\int I_0 \exp(i\omega t)dt = \frac{1}{i\omega C}I_0 \exp(i\omega t) = -i\frac{1}{\omega C}I_0 \exp(i\omega t)$$

となって、R に等価なものとして、コイルとコンデンサーでは、それぞれ $i\omega L$ と $-i\dfrac{1}{\omega C}$ がえられることがわかる。

11.2.1.　直列回路

ここで、簡単な例として、図 11-2 に示すように、抵抗、コンデンサー、コイルを直列につないだ場合を考えてみよう。

このとき

$$V = IR + L\frac{dI}{dt} + \frac{1}{C}\int I dt$$

という微分方程式がえられる。これを t でさらに微分すると

$$L\frac{d^2 I}{dt^2} + R\frac{dI}{dt} + \frac{1}{C}I = 0$$

となり、2 階の定係数同次線形微分方程式となる。

図 11-2

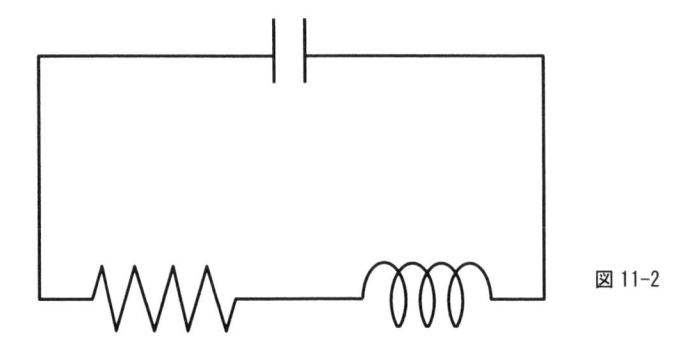

よって、一般解は簡単に求まり

$$I = A\exp\left(\frac{-R+\sqrt{R^2-4\frac{L}{C}}}{2L}\right)t + B\exp\left(\frac{-R-\sqrt{R^2-4\frac{L}{C}}}{2L}\right)t$$

と与えられる。ここで

$$2\alpha = \frac{R}{L} \qquad \omega_0^2 = \frac{1}{LC}$$

と置くと

$$\frac{-R\pm\sqrt{R^2-4\frac{L}{C}}}{2L} = -\frac{R}{2L}\pm\sqrt{\frac{1}{4}\left(\frac{R}{L}\right)^2 - \frac{1}{LC}} = -\alpha\pm\sqrt{\alpha^2-\omega_0^2}$$

となる。
　ここでは根号内が負の場合を想定する。

第 11 章　理工系への応用

$$\omega^2 = \omega_0^{\,2} - \alpha^2$$

と置き換えると

$$-\alpha \pm \sqrt{\alpha^2 - \omega_0^{\,2}} = -\alpha \pm \omega i$$

となるから

$$\begin{aligned}
I &= A\exp(-\alpha + i\omega)t + B\exp(-\alpha - i\omega)t \\
&= A\exp(-\alpha t)\exp(i\omega t) + B\exp(-\alpha t)\exp(-i\omega t) \\
&= A\exp(-\alpha t)(\cos\omega t + i\sin\omega t) + B\exp(-\alpha t)(\cos\omega t - i\sin\omega t) \\
&= (A+B)\exp(-\alpha t)\cos\omega t + i(A-B)\exp(-\alpha t)\sin\omega t
\end{aligned}$$

となる。

11.2.2.　電圧が変動する場合

いま、コンデンサーとコイルと電気抵抗が直列につながれた回路に交流電圧を加えた場合の解析を考えてみよう。

ここで交流電源の電圧を $V = E_0\exp(i\omega t)$ とすると

$$IR + L\frac{dI}{dt} + \frac{1}{C}\int I\,dt = V = E_0 e^{i\omega t}$$

となる。

これを t でさらに微分すると

$$L\frac{d^2 I}{dt^2} + R\frac{dI}{dt} + \frac{I}{C} = i\omega E_0 e^{i\omega t}$$

となる。これは定係数の非同次 2 階 1 次線形微分方程式である。この特殊解を求めるために、演算子法を使う。微分演算子で書くと

$$\left(LD^2 + RD + \frac{1}{C}\right)[I] = i\omega E_0 e^{i\omega t}$$

となるので、特殊解は逆演算によって

$$I = \frac{1}{LD^2 + RD + \frac{1}{C}}\left[i\omega E_0 e^{i\omega t}\right] = \frac{i\omega E_0 e^{i\omega t}}{L(i\omega)^2 + iR\omega + \frac{1}{C}}$$

と与えられ

$$I = \frac{i\omega E_0 e^{i\omega t}}{-\omega^2 L + i\omega R + \frac{1}{C}}$$

となる。

右辺の分母と分子を $i\omega$ で割ると

$$I = \frac{E_0 e^{i\omega t}}{R + i\left(L\omega - \frac{1}{C\omega}\right)}$$

この式を分母の実数化を行って変形すると

$$I = \frac{E_0 e^{i\omega t}\left\{R - i\left(L\omega - \frac{1}{C\omega}\right)\right\}}{R^2 + \left(L\omega - \frac{1}{C\omega}\right)^2} = \frac{E_0 e^{i\omega t}}{\sqrt{R^2 + \left(L\omega - \frac{1}{C\omega}\right)^2}} \times \frac{R - i\left(L\omega - \frac{1}{C\omega}\right)}{\sqrt{R^2 + \left(L\omega - \frac{1}{C\omega}\right)^2}}$$

$$= \frac{E_0 e^{i\omega t}}{\sqrt{R^2 + \left(L\omega - \frac{1}{C\omega}\right)^2}}\left\{\frac{R}{\sqrt{R^2 + \left(L\omega - \frac{1}{C\omega}\right)^2}} - i\frac{\left(L\omega - \frac{1}{C\omega}\right)}{\sqrt{R^2 + \left(L\omega - \frac{1}{C\omega}\right)^2}}\right\}$$

ここで

$$\left\{\frac{R}{\sqrt{R^2+\left(L\omega-\frac{1}{C\omega}\right)^2}}\right\}^2 + \left\{\frac{\left(L\omega-\frac{1}{C\omega}\right)}{\sqrt{R^2+\left(L\omega-\frac{1}{C\omega}\right)^2}}\right\}^2 = 1$$

となることから、

$$\cos\varphi = \frac{R}{\sqrt{R^2+\left(L\omega-\frac{1}{C\omega}\right)^2}} \qquad \sin\varphi = \frac{\left(L\omega-\frac{1}{C\omega}\right)}{\sqrt{R^2+\left(L\omega-\frac{1}{C\omega}\right)^2}}$$

と置くことができる。よって

$$I = \frac{E_0 e^{i\omega t}}{\sqrt{R^2-\left(L\omega-\frac{1}{C\omega}\right)^2}}\{\cos\varphi - i\sin\varphi\} = \frac{E_0}{\sqrt{R^2-\left(L\omega-\frac{1}{C\omega}\right)^2}}\exp i(\omega t - \varphi)$$

と整理することができる。ここでφは遅れ角と呼ばれ、外部の振動に追随できない成分に相当する。

また、このときωを適当に選べば、遅れ角φを0にすることができ、$\varphi=0$のとき$\sin\varphi=0$であるから

$$L\omega - \frac{1}{C\omega} = 0 \quad L\omega = \frac{1}{C\omega} \quad \therefore \omega^2 = \frac{1}{LC}$$

となる。つまり

$$\omega = \sqrt{\frac{1}{LC}}$$

の場合に遅れ角がゼロになる。このとき、確かに$\cos\varphi = 1$となっている。

周波数(f)は$\omega = 2\pi f$ ($f = \omega/2\pi$)で与えられるので、次の周波数で交流回路の出力が非常に大きくなる。

$$f = \frac{\omega}{2\pi} = \frac{1}{2\pi\sqrt{LC}}$$

これが有名な交流回路の共振現象であり、この周波数を**共振周波数** (resonance frequency) と呼んでいる。

演習 11-2 インダクタンスLのコイルと電気抵抗Rが直列につながった回路に交流電圧$E\exp(i\omega t)$を加えた場合の電流の変化を求めよ。

解) この回路の微分方程式は

$$L\frac{dI}{dt} + RI = Ee^{i\omega t}$$

と与えられる。

非同次の定係数1階線形微分方程式である。まず、同次方程式

$$L\frac{dI}{dt} + RI = 0$$

を解こう。変数分離形であるから

$$L\frac{dI}{dt} = -RI \qquad \frac{dI}{I} = -\frac{R}{L}dt$$

となって、両辺を積分すると

第 11 章　理工系への応用

$$\ln|I| = -\frac{R}{L}t + C$$

より

$$I = \pm\exp(C)\exp\left(-\frac{R}{L}t\right) = A\exp\left(-\frac{R}{L}t\right)$$

が一般解となる。ただし、A は任意定数である。

つぎに、特殊解を求める。微分演算子を使うと

$$(LD + R)[I] = Ee^{i\omega t}$$

となるので

$$I = \frac{1}{LD + R}\left[Ee^{i\omega t}\right] = \frac{Ee^{i\omega t}}{L(i\omega) + R} = \frac{Ee^{i\omega t}}{R + i\omega L}$$

が特殊解となる。

よって一般解は

$$I = A\exp\left(-\frac{R}{L}t\right) + \frac{Ee^{i\omega t}}{R + i\omega L}$$

となる。

この回路においても、最初の項は時間とともにどんどん減衰していくので、十分時間が経過した後では、非同次項に対応した解のみが残る。この部分を変形してみよう。まず、分母分子に $R - i\omega L$ をかけて有理化すると

$$I = \frac{E(R - i\omega L)}{(R + i\omega L)(R - i\omega L)}e^{i\omega t} = \frac{E(R - i\omega L)}{R^2 + \omega^2 L^2}(\cos\omega t + i\sin\omega t)$$

となる。この実数部は

$$I = \frac{ER}{R^2 + \omega^2 L^2} \cos\omega t + \frac{EL\omega}{R^2 + \omega^2 L^2} \sin\omega t$$

また虚数部は

$$I = \frac{ER}{R^2 + \omega^2 L^2} \sin\omega t - \frac{E\omega L}{R^2 + \omega^2 L^2} \cos\omega t$$

となる。これらが、この回路の定常解となる。

11.3. 級数解法の物理への応用

いろいろな物理現象を微分方程式で表現すると、解析的には解けない場合が多いということを紹介した。このような場合に威力を発揮するのが級数展開法である。

実際に、数多くの微分方程式に級数展開法が適用され、大きな成功を収めてきている。ここでは、その代表である。ベッセル方程式とルジャンドル方程式を紹介する。

11.4. ベッセル微分方程式

次の2階1次の同次線形微分方程式

$$x^2 \frac{d^2 y}{dx^2} + x\frac{dy}{dx} + (x^2 - m^2)y = 0$$

を**ベッセルの微分方程式** (Bessel's differential equation) と呼んでいる。当初、

第 11 章　理工系への応用

ケプラー (Kepler) の惑星の運動に関する方程式である**ケプラー問題** (Kepler's problem) を解く過程でえられた微分方程式であるが、その後、多くの分野で同じかたちをした微分方程式がえられることがわかってから、理工系分野ではよく登場する。

この方程式を解析的に解こうとしても、なかなかうまく行かない。ここで役に立つのが、級数解法である。

ここで、m は任意の実数であるが、簡単のために、まず $m = 0$ の場合を考えてみよう。

11.4.1.　ゼロ次のベッセル関数
$m = 0$ の場合のベッセルの微分方程式は

$$x^2 \frac{d^2 y}{dx^2} + x \frac{dy}{dx} + x^2 y = 0$$

となる。

この方程式の解を

$$y = a_0 + a_1 x + a_2 x^2 + a_3 x^3 + \ldots + a_n x^n + \ldots$$

と仮定する。べき級数展開式の導関数は簡単に求められ

$$\frac{dy}{dx} = a_1 + 2a_2 x + 3a_3 x^2 + \ldots + n a_n x^{n-1} + (n+1) a_{n+1} x^n + \ldots$$

$$\frac{d^2 y}{dx^2} = 2a_2 + 3 \cdot 2 a_3 x + \ldots + n(n-1) a_n x^{n-2} + (n+1) n a_{n+1} x^{n-1} + \ldots$$

と与えられる。これを、ベッセルの微分方程式に代入する。それぞれの項は

$$x^2 \frac{d^2 y}{dx^2} = 2 a_2 x^2 + 3 \cdot 2 a_3 x^3 + \ldots + n(n-1) a_n x^n + (n+1) n a_{n+1} x^{n+1} + \ldots$$

$$x\frac{dy}{dx} = a_1 x + 2a_2 x^2 + 3a_3 x^3 + \ldots + na_n x^n + (n+1)a_{n+1}x^{n+1} + \ldots$$

$$x^2 y = a_0 x^2 + a_1 x^3 + a_2 x^4 + a_3 x^5 + \ldots + a_n x^{n+2} + \ldots$$

ここで、微分方程式を満足するためには、これらを足しあわせてできるべき級数の係数が、すべてゼロでなければならない。よって

$$a_1 = 0$$
$$4a_2 + a_0 = 2^2 a_2 + a_0 = 0$$
$$(3 \cdot 2 + 3)a_3 + a_1 = 3^2 a_3 + a_1 = 0$$
$$(4 \cdot 3 + 4)a_4 + a_2 = 4^2 a_4 + a_2 = 0$$
$$(5 \cdot 4 + 5)a_5 + a_3 = 5^2 a_5 + a_3 = 0$$
$$\ldots\ldots$$
$$\{(n-1)\cdot(n-2)+(n-1)\}a_{n-1} + a_{n-3} = (n-1)^2 a_{n-1} + a_{n-3} = 0$$
$$\{n\cdot(n-1)+n\}a_n + a_{n-2} = n^2 a_n + a_{n-2} = 0$$
$$\{(n+1)\cdot n+(n+1)\}a_{n+1} + a_{n-1} = (n+1)^2 a_{n+1} + a_{n-1} = 0$$
$$\ldots\ldots$$

ここで $a_1 = 0$ であるから、$a_3 = 0$ となり、同様にして

$$a_{2n+1} = 0 \qquad (n = 1, 2, 3, \ldots)$$

となることがわかる。つぎに2番目以降の式から

$$a_2 = -\frac{a_0}{2^2}$$
$$a_4 = -\frac{a_2}{4^2} = \frac{a_0}{2^2 4^2}$$
$$a_6 = -\frac{a_4}{6^2} = -\frac{a_0}{2^2 4^2 6^2}$$

となり、結局求める解は

$$y = a_0 - \frac{a_0}{2^2}x^2 + \frac{a_0}{2^2 4^2}x^4 - \frac{a_0}{2^2 4^2 6^2}x^6 + \dots$$

となる。これが $m = 0$ の場合のベッセル関数であり、ゼロ次のベッセル関数と呼ばれている。

11.4.2. $m \neq 0$ のベッセル微分方程式の解

それでは、同様の手法を用いて、より一般的なベッセル微分方程式に挑戦してみよう。つまり

$$x^2 \frac{d^2 y}{dx^2} + x \frac{dy}{dx} + (x^2 - m^2)y = 0$$

の場合を取り扱う。ただし、m は正の整数とする。前節の

$$x^2 \frac{d^2 y}{dx^2} = 2a_2 x^2 + 3 \cdot 2 a_3 x^3 + \dots + n(n-1)a_n x^n + (n+1)n a_{n+1} x^{n+1} + \dots$$

$$x \frac{dy}{dx} = a_1 x + 2a_2 x^2 + 3a_3 x^3 + \dots + n a_n x^n + (n+1) a_{n+1} x^{n+1} + \dots$$

$$x^2 y = a_0 x^2 + a_1 x^3 + a_2 x^4 + a_3 x^5 + \dots + a_n x^{n+2} + \dots$$

に $-m^2 y$ を加えればよいことになる。ここで

$$-m^2 y = -m^2 a_0 - m^2 a_1 x - m^2 a_2 x^2 - m^2 a_3 x^3 - \dots - m^2 a_n x^n - \dots$$

そのうえで、すべての x^n のべきの項の係数がゼロとなることから、まず $-m^2 a_0 = 0$ より $a_0 = 0$ となる。つぎに x の項では

$$a_1 - m^2 a_1 = a_1 (1 - m^2) = 0$$

となる。ここで、2通りのケースがある。つまり $a_1 = 0$ と $1 - m^2 = 0$ である。

a_1 が 0 ではないとすると、$m = 1$ となる。すると、その後の関係は

$$2a_2 + 2a_2 - a_2 + a_0 = 0$$
$$3 \cdot 2a_3 + 3a_3 - a_3 + a_1 = 0$$
$$4 \cdot 3a_4 + 4a_4 - a_4 + a_2 = 0$$
$$5 \cdot 4a_5 + 5a_5 - a_5 + a_3 = 0$$
$$\ldots..$$

となって、a_{2n} の項は、すべて 0 となる。ここで、一般式の係数を書くと

$$n(n-1)a_n + na_n - a_n + a_{n-2} = 0$$

よって

$$(n+1)(n-1)a_n + a_{n-2} = 0 \qquad \therefore a_n = -\frac{1}{(n+1)(n-1)}a_{n-2} \quad (n \geq 3)$$

となる。

n が奇数であることを考慮すると

$$a_3 = -\frac{1}{4 \cdot 2}a_1$$
$$a_5 = -\frac{1}{6 \cdot 4}a_3 = \frac{1}{(6 \cdot 4)(4 \cdot 2)}a_1$$
$$a_7 = -\frac{1}{8 \cdot 6}a_5 = -\frac{1}{(8 \cdot 6)(6 \cdot 4)(4 \cdot 2)}a_1$$

と続いて、一般式の係数は k を整数 $(1, 2, 3...)$ として

$$a_{2k+1} = (-1)^k \frac{1}{2^{2k}(k+1)!k!}a_1$$

で与えられる。

よって、求める解の級数は

第 11 章　理工系への応用

$$y = a_1 x - \frac{a_1}{4 \cdot 2} x^3 + \frac{a_1}{(6 \cdot 4)(4 \cdot 2)} x^5 + ... + (-1)^k \frac{a_1}{2^{2k}(k+1)!k!} x^{2k+1} + ...$$

と与えられる。これを 1 次のベッセル関数と呼んでいる。

次に、最初の条件で $m = 1$ ではなく、$a_1 = 0$ とすると、次の選択肢として、$a_2 = 0$ あるいは $4 - m^2 = 0$ のいずれかとなり、後者を選択すると、それは $m = 2$ となって、その級数解を求めると、2 次のベッセル関数となる。

このまま続けてもよいのであるが、ある程度規則性がわかっているので、より一般的な解を求めることを考えてみよう。

11.4.3.　一般のベッセル関数

以上の操作をみると、最初の条件であらかじめ a_{n-1} までの項をゼロとして a_n の項がゼロではないとすると、$n^2 - m^2 = 0$ でなければならないので、$m = n$ となる。これについては後で確認する。

すると、級数展開は

$$y = a_n x^n + a_{n+1} x^{n+1} + a_{n+2} x^{n+2} + ... + a_{n+k} x^{n+k} + ... \qquad (a_n \neq 0)$$

のようなフロベニウス型の級数を仮定する必要がある。これを微分方程式に代入すると

$$\frac{dy}{dx} = a_n n x^{n-1} + a_{n+1}(n+1)x^n + a_{n+2}(n+2)x^{n+1} + ... + a_{n+k}(n+k)x^{n+k-1} + ...$$

$$\frac{d^2 y}{dx^2} = a_n n(n-1)x^{n-2} + a_{n+1}(n+1)n x^{n-1} + ... + a_{n+k}(n+k)(n+k-1)x^{n+k-2} + ...$$

となる。煩雑になるので、これ以降は一般式を使って計算をする。すると

$$x^2 \frac{d^2 y}{dx^2} = \sum_{k=0}^{\infty} a_{n+k}(n+k)(n+k-1)x^{n+k}$$

$$x\frac{dy}{dx} = \sum_{k=0}^{\infty} a_{n+k}(n+k)x^{n+k}$$

$$(x^2 - m^2)y = \sum_{k=0}^{\infty} a_{n+k} x^{n+k+2} - m^2 \sum_{k=0}^{\infty} a_{n+k} x^{n+k}$$

ここで、x^n の項の係数をみると

$$\{n(n-1) + n - m^2\}a_n = (n^2 - m^2)a_n = 0$$

であり、a_n はゼロではないから、冒頭でも示したように $m = n$ となる。これは、0次1次の場合と同様である。次に、x^{n+1} の項の係数は

$$\{(n+1)n + (n+1) - m^2\}a_{n+1} = 0$$

となるが、$m = n$ を代入すると

$$\{(n+1)n + (n+1) - n^2\}a_{n+1} = (2n+1)a_{n+1} = 0$$

であり、$2n+1$ は 0 とはならないので $a_{n+1} = 0$ でなければならない。これ以降の項の係数を一般式で示すと

$$\{(n+k+2)(n+k+1) + (n+k+2) - n^2\}a_{n+k+2} + a_{n+k} = 0 \qquad (k = 0, 1, 2, 3....)$$

となる。これを整理すると

$$\{(n+k+2)^2 - n^2\}a_{n+k+2} + a_{n+k} = 0$$
$$(2n+k+2)(k+2)a_{n+k+2} + a_{n+k} = 0$$
$$a_{n+k+2} = -\frac{1}{(2n+k+2)(k+2)} a_{n+k}$$

という漸化式ができる。ここで a_{n+1} は 0 であるから、k が奇数の項はすべて

第 11 章 理工系への応用

0 となることがまずわかる。この関係を踏まえたうえで、a_n を使って、係数を求めると

$$a_{n+2} = -\frac{1}{(2n+2)2}a_n = -\frac{1}{2^2(n+1)}a_n$$

$$a_{n+4} = -\frac{1}{(2n+4)4}a_{n+2} = -\frac{1}{2^2(n+2)2}a_{n+2} = \frac{1}{2^4 2(n+1)(n+2)}a_n$$

$$a_{n+6} = -\frac{1}{(2n+6)6}a_{n+4} = -\frac{1}{2^2(n+3)3}a_{n+4} = -\frac{1}{2^6 2 \cdot 3(n+1)(n+2)(n+3)}a_n$$

と順次計算できて、一般式にすると

$$a_{n+2k} = \frac{(-1)^k}{2^{2k} \cdot k! \frac{(n+k)!}{n!}} a_n = \frac{(-1)^k n!}{2^{2k} \cdot k!(n+k)!} a_n$$

となる。

よってベッセル関数は

$$y = \sum_{k=0}^{\infty} \frac{(-1)^k n!}{2^{2k} \cdot k!(n+k)!} a_n x^{n+2k}$$

となる。これが一般式である。ただし、実際には任意係数(a_n)を適当に指定して、別なかたちの式で表すことも多い。例えば

$$a_n = \frac{1}{2^n n!}$$

とおいて、上式に代入すると

$$y = \sum_{k=0}^{\infty} \frac{(-1)^k}{k!(n+k)!} \left(\frac{x}{2}\right)^{n+2k}$$

とすっきりする。これを

$$J_n(x) = \frac{1}{n!}\left(\frac{x}{2}\right)^n - \frac{1}{(n+1)!}\left(\frac{x}{2}\right)^{n+2} + \frac{1}{2!(n+2)!}\left(\frac{x}{2}\right)^{n+4} + \ldots + \frac{(-1)^k}{k!(n+k)!}\left(\frac{x}{2}\right)^{n+2k} + \ldots$$

と書いて、n 次の第 1 種ベッセル関数 (Bessel function of the first kind of order n) と呼ぶ。第 1 種と呼ぶのは、(ここでは紹介しないが) 別解として、この級数を変形した第 2 種が存在するからである。

n に具体的な数値を与えると、例えば $n = 0$ では

$$J_0(x) = 1 - \left(\frac{x}{2}\right)^2 + \frac{1}{(2!)^2}\left(\frac{x}{2}\right)^4 + \ldots + \frac{(-1)^k}{(k!)^2}\left(\frac{x}{2}\right)^{2k} + \ldots$$

となる。これをグラフに示すと、図 11-3 に示すように、$x = 0$ では大きさが 1 であり、それが振動しながら次第に振幅が小さくなっていく様子がわかる。また、波の周期は、ほぼ $2\pi(6.28)$ であることもわかる。つまり、三角関数に似た周期を有し、その振動が減衰していく。多くの物理現象で同様の変化が見られることから、応用上重要な関数となっている。

次に、$n = 1$ を代入すると

$$J_1(x) = \frac{x}{2} - \frac{1}{2!}\left(\frac{x}{2}\right)^3 + \frac{1}{2!3!}\left(\frac{x}{2}\right)^5 + \ldots + \frac{(-1)^k}{k!(1+k)!}\left(\frac{x}{2}\right)^{2k+1} + \ldots$$

となる。これを 1 次の第一種ベッセル関数と呼んでいる。このグラフは、図 11-4 に示すように、原点では振幅が 0 で、それが振動を繰り返しながら、次第に減衰していく。よって 0 次のベッセル関数を補完することができる。

このように級数解を仮定したうえで、係数間の関係を調べることにより、種々の微分方程式の解となる級数を求めることができる。級数解は、任意の係数がついているので、多くの解が存在するうえ、その代数和もまた解であるから、多くの級数解がえられることになる。

特に、ここで紹介したベッセル関数は拡張性が高く、n を負の整数に拡張したり、整数のかわりに実数に拡張したりすることもできる。また、変数を複素数とすると、変形ベッセル関数がえられる。ただし、基本的な考え

第 11 章 理工系への応用

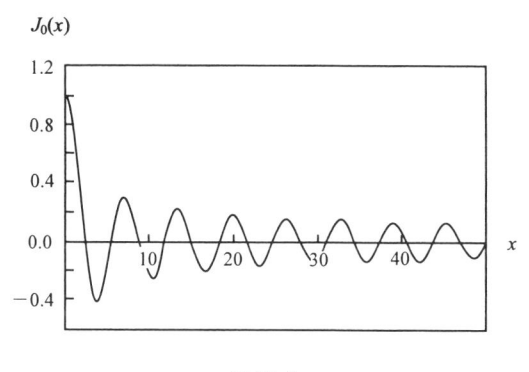

図 11-3

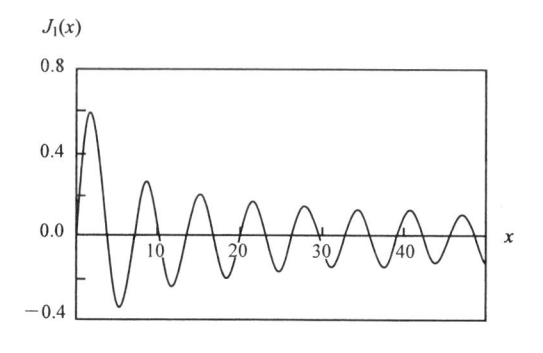

図 11-4

方は変わらない。どのような場面で使うかによって、便利なようにかたちを変えるだけである。

11.5. ルジャンドル微分方程式

ベッセル微分方程式と並んで有名なものに、次の**ルジャンドルの微分方程式** (Legendre's differential equation) がある。

$$(1-x^2)\frac{d^2y}{dx^2} - 2x\frac{dy}{dx} + m(m+1)y = 0$$

ここで、m はゼロまたは正の整数である。この微分方程式は変係数の 2 階 1 次の同次線形微分方程式である。この方程式も解析解をえることができないので、級数解法に頼ることになる。

11.5.1. ルジャンドル方程式の解

ルジャンドル方程式の解として

$$y = a_0 + a_1 x + a_2 x^2 + a_3 x^3 + ... + a_n x^n + ...$$

のようなテーラー級数を仮定する。すると

$$\frac{dy}{dx} = a_1 + 2a_2 x + 3a_3 x^2 + ... + na_n x^{n-1} + (n+1)a_{n+1} x^n + ...$$

$$\frac{d^2 y}{dx^2} = 2a_2 + 3 \cdot 2 a_3 x + ... + n(n-1)a_n x^{n-2} + (n+1)na_{n+1} x^{n-1} + ...$$

と与えられる。

これを、ルジャンドルの微分方程式に代入する。

$$y'' = 2a_2 + 3 \cdot 2 a_3 x + ... + n(n-1)a_n x^{n-2} + (n+1)na_{n+1} x^{n-1} + ...$$

から

$$-x^2 y'' = -2a_2 x^2 - 3 \cdot 2 a_3 x^3 - ... - n(n-1)a_n x^n - (n+1)na_{n+1} x^{n+1} - ...$$
$$-2xy' = -2a_1 x - 4a_2 x^2 - 6a_3 x^3 - ... - 2na_n x^n - 2(n+1)a_{n+1} x^{n+1} - ...$$
$$m(m+1)y = m(m+1)a_0 + m(m+1)a_1 x + m(m+1)a_2 x^2 + ... + m(m+1)a_n x^n + ...$$

これを、すべて加えてできる多項式のすべての係数がゼロとなるので

第 11 章　理工系への応用

$$m(m+1)a_0 + 2a_2 = 0$$
$$\{m(m+1)-2\}a_1 + 3\cdot 2 a_3 = 0$$
$$\{m(m+1)-4-2\}a_2 + 4\cdot 3 a_4 = 0$$
$$\{m(m+1)-6-3\cdot 2\}a_3 + 5\cdot 4 a_5 = 0$$
$$\cdots$$
$$\{m(m+1)-2n-n\cdot(n-1)\}a_n + (n+2)\cdot(n+1)a_{n+2} = 0$$

という関係がえられる。一般式に書き換えると

$$(n+2)(n+1)a_{n+2} + \{m(m+1)-n(n+1)\}a_n = 0$$

よって

$$a_{n+2} = -\frac{\{m(m+1)-n(n+1)\}}{(n+2)(n+1)}a_n = -\frac{(m-n)(m+n+1)}{(n+2)(n+1)}a_n$$

ここで a_0 と a_1 は任意である。これが漸化式となる。

11.5.2. ルジャンドル多項式

ルジャンドルの微分方程式の級数解の漸化式をもう一度示すと

$$a_{n+2} = -\frac{(m-n)(m+n+1)}{(n+2)(n+1)}a_n$$

ここで、$n = 1, 2, 3, 4, \ldots$ と係数を増やしていって、$n = m$ に到達すると、この漸化式の分子にある $(m-n)$ の項が $m-n = 0$ となるため、a_{m+2} の項は

$$a_{m+2} = -\frac{(m-m)(m+m+1)}{(m+2)(m+1)}a_m = 0$$

となって 0 となる。この漸化式に従うと

$$a_{m+2} = a_{m+4} = a_{m+6} = \ldots\ldots = 0$$

であるから、これ以降のすべての項が 0 になる。つまり、級数は a_m までの項しか存在しない。よって、ルジャンドル方程式の解は無限級数ではなく、項数が m の多項式となる。これがルジャンドル多項式と呼ばれる由縁である。

　もっとも高次の項が m であるから、漸化式を逆にたどってみる。すると

$$a_m = -\frac{(m-(m-2))(m+(m-2)+1)}{((m-2)+2)((m-2)+1)} a_{m-2} = -\frac{2(2m-1)}{m(m-1)} a_{m-2}$$

であるから

$$a_{m-2} = -\frac{m(m-1)}{2(2m-1)} a_m$$

という漸化式がえられる。その次の項は、最初の漸化式を使って

$$a_{m-2} = -\frac{(m-(m-4))(m+(m-4)+1)}{((m-4)+2)((m-4)+1)} a_{m-4} = -\frac{4(2m-3)}{(m-2)(m-3)} a_{m-4}$$

となるので

$$a_{m-4} = -\frac{(m-2)(m-3)}{4(2m-3)} a_{m-2}$$

これを a_m で示すと

$$a_{m-4} = -\frac{(m-2)(m-3)}{4(2m-3)} a_{m-2} = \frac{m(m-1)(m-2)(m-3)}{2\cdot 4(2m-1)(2m-3)} a_m$$

となる。

　同じ操作をくり返すと次の項は

$$a_{m-6} = -\frac{(m-4)(m-5)}{6(2m-5)} a_{m-4} = \frac{m(m-1)(m-2)(m-3)(m-4)(m-5)}{2\cdot 4\cdot 6(2m-1)(2m-3)(2m-5)} a_m$$

となり、以下同様となる。このとき m が偶数であれば、偶数項だけで a_0 の項までいき、m が奇数であれば、奇数項だけで a_1 の項までいきつくことになる。

このとき、最後までたどりつくと、分子は結局 $m!$ になる。そこで a_m としてつぎのかたちを考える。

$$a_m = \frac{(2m-1)(2m-3)(2m-5)\cdots 3\cdot 1}{m!}$$

すると、分子と分母がキャンセルされて、一般式として

$$P_m(x) = \frac{(2m-1)(2m-3)(2m-5)\cdots 3\cdot 1}{m!} \left[x^m - \frac{m(m-1)}{2(2m-1)} x^{m-2} \right.$$
$$\left. + \frac{m(m-1)(m-2)(m-3)}{2\cdot 4(2m-1)(2m-3)} x^{m-4} - \frac{m(m-1)\cdots(m-5)}{2\cdot 4\cdot 6(2m-1)(2m-3)(2m-5)} x^{m-6} + \cdots \right]$$

となる。これを**ルジャンドルの多項式** (Legendre polynomial) と呼んでいる。このようなかたちにするのは、よく見ると、この多項式は

$$P_m(x) = \frac{1}{2^m m!} \cdot \frac{d^m}{dx^m} (x^2 - 1)^m$$

というような微分形で書けるためである。ためしに少し計算すると

$$\frac{d}{dx}(x^2-1)^m = 2mx(x^2-1)^{m-1}$$
$$\frac{d^2}{dx^2}(x^2-1)^m = 4x^2 m(m-1)(x^2-1)^{m-2} + 2m(x^2-1)^{m-1}$$

$$= 2m\left(x^2-1\right)^{m-2}\left\{2x^2(m-1)+\left(x^2-1\right)\right\}$$
$$= 2m\left(x^2-1\right)^{m-2}\left\{x^2(2m-1)-1\right\}$$

例えば、$m=2$ は、この式を使って計算すると

$$P_2(x) = \frac{1}{2^2 2} 4(3x^2-1) = \frac{1}{2}(3x^2-1)$$

と与えられる。参考までに、ルジャンドルの多項式を $m=5$ まで書き出すと

$$P_0(x) = 1 \qquad\qquad P_1(x) = x$$
$$P_2(x) = \frac{1}{2}\left(3x^2-1\right) \qquad\qquad P_3(x) = \frac{1}{2}\left(5x^3-3x\right)$$
$$P_4(x) = \frac{1}{8}\left(35x^4-30x^2+3\right) \qquad\qquad P_5(x) = \frac{1}{8}\left(63x^5-70x^3+15x\right)$$

これらルジャンドル多項式のグラフを図 11-5 に示す。

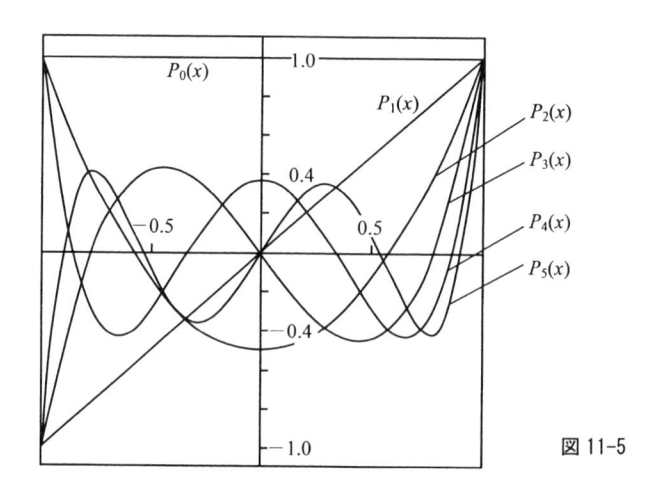

図 11-5

補遺 1　ガウスの積分公式

ガウスの積分公式は

$$f(x) = \exp(-ax^2)$$

の形をした関数を $-\infty$ から $+\infty$ まで積分したときの値を与えるものである。
ここで、この値を I とおくと

$$I = \int_{-\infty}^{\infty} \exp(-ax^2) dx$$

つぎに、まったく同様な y の関数の積分を考え

$$I = \int_{-\infty}^{\infty} \exp(-ay^2) dy$$

そのうえで、これら積分の積を求めると

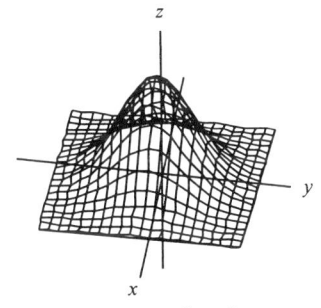

図 A1-1　$z = \exp(-a(x^2 + y^2))$ のグラフ。

$$I^2 = \int_{-\infty}^{\infty} \exp(-ax^2) dx \cdot \int_{-\infty}^{\infty} \exp(-ay^2) dy$$

となるが、これをまとめて

$$I^2 = \int_{-\infty}^{\infty} \int_{-\infty}^{\infty} \exp(-a(x^2 + y^2)) dx dy$$

という**重積分** (double integral) のかたちに変形できる。この重積分は図 A1-1 に示すような

$$z = \exp(-a(x^2 + y^2))$$

という関数の体積に相当する。ここで、直交座標 (x, y) を極座標 (r, θ) に変換する。すると

$$x^2 + y^2 = r^2$$

となるが、微分係数は

$$dxdy \rightarrow rdrd\theta$$

という変換が必要となる。ここで、$dxdy$ は直交座標における面積素に相当する。これを極座標での面積素に変換するには、図 A1-2 に示すように、極座標系で、r が dr だけ、また、θ が $d\theta$ だけ増えたときの面積素を計算する必要がある。これは、斜線の部分の面積に相当するが、図から明らかなように、$rdrd\theta$ となる。この変換にともなって、積分範囲は

$$-\infty \leq x \leq \infty, -\infty \leq y \leq \infty \quad \rightarrow \quad 0 \leq r \leq \infty, 0 \leq \theta \leq 2\pi$$

と変わる。よって

$$I^2 = \int_0^{2\pi} \int_0^{\infty} \exp(-ar^2) rdr\, d\theta$$

と置き換えられる。まず

$$\int_0^{\infty} \exp(-ar^2) rdr$$

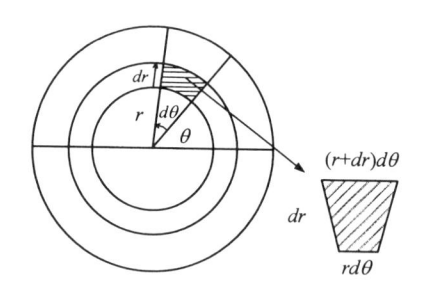

図 A1-2　直交座標と極座標の面積素。

の積分を計算する。$r^2 = t$ と置くと $2rdr = dt$ であるから

$$\int_0^{\infty} \exp(-ar^2) rdr = \int_0^{\infty} \frac{\exp(-at)}{2} dt = \left[-\frac{\exp(-at)}{2a}\right]_0^{\infty} = \frac{1}{2a}$$

と計算できる。よって

$$I^2 = \int_0^{2\pi} \int_0^{\infty} \exp(-ar^2) rdrd\theta = \int_0^{2\pi} \frac{1}{2a} d\theta = \left[\frac{\theta}{2a}\right]_0^{2\pi} = \frac{\pi}{a}$$

$$\therefore I = \pm\sqrt{\frac{\pi}{a}}$$

となるが、グラフから明らかなように I の値は正であるので、結局

$$\int_{-\infty}^{\infty} \exp(-ax^2)\, dx = \sqrt{\frac{\pi}{a}}$$

と与えられる。

索引

あ行
1次のベッセル関数　321
一般解　26
因数分解　98
ウェーバーの法則　15
運動方程式　297
演算子　234
オイラーの微分方程式　185

か行
解　26
階数　23
解の存在　230
外力項　303
ガウスの積分公式　58, 331
加法定理　163
完全微分　178
完全微分形　86
完全微分方程式　68
完全微分方程式の判定　71
基本解　199
逆演算子　237, 247
逆行列　279
境界値　27
行基本変形　276
共振周波数　314
強制振動　303
行列　193
極座標　332
虚数　129
クレローの微分方程式　112
係数行列　272
ケプラー問題　317
コイル　308
高階微分方程式　157
高次　97

さ行
交流回路　307
交流電圧　311
固有値　273
固有ベクトル　273
コンデンサー　308

三角関数　244
次数　23
重解　133
重積分　331
従属変数　25
常微分方程式　25
初期値　27
助変数　102
積分因子　52, 86
ゼロ次のベッセル関数　317
線形　27, 123
線形演算子　235
線形空間　198
線形結合　191
線形従属　191
線形独立　190
全微分　64, 181

た行
対角化　272
多項式の場合の逆演算　256
単位行列　274
単振動　129, 297
直接積分形　31
直交座標　332
定係数　28
定係数同次微分方程式　125
定数項の逆演算　243
定数変化法　47, 137

テーラー展開　214
電気抵抗　308
同次形　35
同次線形微分方程式　42, 189
同次微分方程式　124
特異解　27, 111
特殊解　26, 146
特性方程式　125
独立変数　25

　な行
2階微分方程式　122
ニュートンの冷却の法則　19
任意定数　26
人間の感覚　16

　は行
半減期　18
反応速度係数　20
非線形　27
非同次　136
非同次項　42
非同次方程式　281
微分演算子　238, 292
フロベニウス級数　219
べき級数展開　207
ベッセルの微分方程式　317
ベルヌーイの微分方程式　55
変数分離　33
変数分離形　32, 160
偏微分　25
崩壊速度　16
放射性元素　16

　ま行
マクローリン展開　214
まさつ　299
未定係数法　145
面積素　332

　ら行
ラグランジェの微分方程式　115
リカッチの微分方程式　59
ルジャンドル多項式　328
ルジャンドルの微分方程式　326
連立微分方程式　268
ロンスキー行列　194

著者：村上　雅人（むらかみ　まさと）

　1955年，岩手県盛岡市生まれ．東京大学工学部金属材料工学科卒，同大学工学系大学院博士課程修了．工学博士．超電導工学研究所第一および第三研究部長を経て，2003年4月から芝浦工業大学教授．2008年4月同副学長，2011年4月より同学長．

　1972年米国カリフォルニア州数学コンテスト準グランプリ，World Congress Superconductivity Award of Excellence，日経BP技術賞，岩手日報文化賞ほか多くの賞を受賞．

　著書：『なるほど虚数』『なるほど微積分』『なるほど線形代数』『なるほど量子力学』など「なるほど」シリーズを十数冊のほか，『日本人英語で大丈夫』．編著書に『元素を知る事典』（以上，海鳴社），『はじめてナットク超伝導』（講談社，ブルーバックス），『高温超伝導の材料科学』（内田老鶴圃）など．

なるほど微分方程式

2005年 4 月30日　第1刷発行
2024年 9 月10日　第3刷発行

発行所：㈱海鳴社　http://www.kaimeisha.com/
　　　〒101-0065　東京都千代田区西神田2－4－6
　　　Eメール：kaimei@d8.dion.ne.jp
　　　Tel.：03-3262-1967　Fax：03-3234-3643

JPCA

本書は日本出版著作権協会（JPCA）が委託管理する著作物です．本書の無断複写などは著作権法上での例外を除き禁じられています．複写（コピー）・複製，その他著作物の利用については事前に日本出版著作権協会（電話03-3812-9424，e-mail:info@e-jpca.com）の許諾を得てください．

発　行　人：辻　信行
組　　　版：小林　忍
印刷・製本：シナノ

出版社コード：1097
ISBN 978-4-87525-224-5

© 2005 in Japan by Kaimeisha
落丁・乱丁本はお買い上げの書店でお取替えください

村上雅人の理工系独習書「なるほどシリーズ」

なるほど虚数——理工系数学入門	A5 判 180 頁、1800 円
なるほど微積分	A5 判 296 頁、2800 円
なるほど線形代数	A5 判 246 頁、2200 円
なるほどフーリエ解析	A5 判 248 頁、2400 円
なるほど複素関数	A5 判 310 頁、2800 円
なるほど統計学	A5 判 318 頁、2800 円
なるほど確率論	A5 判 310 頁、2800 円
なるほどベクトル解析	A5 判 318 頁、2800 円
なるほど回帰分析	A5 判 238 頁、2400 円
なるほど熱力学	A5 判 288 頁、2800 円
なるほど微分方程式	A5 判 334 頁、3000 円
なるほど量子力学Ⅰ——行列力学入門	A5 判 328 頁、3000 円
なるほど量子力学Ⅱ——波動力学入門	A5 判 328 頁、3000 円
なるほど量子力学Ⅲ——磁性入門	A5 判 260 頁、2800 円
なるほど電磁気学	A5 判 352 頁、3000 円
なるほど整数論	A5 判 352 頁、3000 円
なるほど力学	A5 判 368 頁、3000 円
なるほど解析力学	A5 判 238 頁、2400 円
なるほど統計力学	A5 判 272 頁、2800 円

（本体価格）